別嚇到，千奇百怪的

A CIRCLE OF MYSTERIOUS LIFE

動植物大集合

在加拿大發現的巨獸，會是這種蛇頸龍的後代嗎？還是魚龍的後代？
這些駭人聽聞的生物，真的能繁衍了一億多年生存至今嗎？
在冰冷的水下到底有沒有生物存在，如果有，那又會是什麼呢？

i-smart

智學堂
智慧是學習的殿堂

國家圖書館出版品預行編目資料

別嚇到，千奇百怪的動植物大集合！/朱崧浩編著.
-- 初版.-- 新北市：智學堂文化，
民103.10 面； 公分. --（神祕檔案；15）
ISBN 978-986-5819-49-1(平裝)
1.植物 2.動物 3.通俗作品
370   103016369

神祕檔案：15

別嚇到，千奇百怪的動植物大集合！

編　　著 ─ 朱崧浩
出 版 者 ─ 智學堂文化事業有限公司
執行編輯 ─ 林美玲
美術編輯 ─ 蕭佩玲
地　　址 ─ 22103　新北市汐止區大同路三段一百九十四號九樓之一
　　　　　　TEL　（02）8647-3663
　　　　　　FAX　（02）8647-3660

總 經 銷 ─ 永續圖書有限公司
劃撥帳號 ─ 18669219
出 版 日 ─ 2014年10月

法律顧問 ─ 方圓法律事務所　涂成樞律師
CVS 代理 ─ 美璟文化有限公司
　　　　　　TEL　（02）27239968
　　　　　　FAX　（02）27239668

PART1
古靈精怪的**植物**

PART2
千奇百怪的**動物**

PART 1
古靈精怪的植物

A CIRCLE OF MYSTERIOUS LIFE

會預報地震的植物

　　日本科學家研究發現，含羞草等植物可用來預測、預報地震。正常情況下，白天含羞草的葉片是張開的，到了夜晚葉片就閉合了。如果含羞草出現了白天葉片閉合而夜間張開的情況，便是發生地震的先兆。例如，1938年1月11日上午7點，含羞草葉開始張開，但是到了10點，葉片全部閉合，果然在當月13日發生了強烈地震。1976年日本地震預報俱樂部的會員，曾幾次觀察到含羞草的小葉出現反常的閉合現象結果隨後都有地震發生。由於植物具有預測報地震的奇特本領，所以人稱讚它為地震的「監測器」。

　　20世紀的70年代，中國曾發生過多次地震，科學工作調查了地震前植物出現的異常現象：1970年中國寧夏

古靈精怪的植物

西吉發生5.1級地震，震前一個月，距震中60公里的隆
德縣在初冬蒲公英就提前開了花；1972年中國長江口地
區發生4.2級地震，震前附近地方的山芋藤突然開花；
1976年7月中國唐山發生大地震，地震前那裡出現竹子
開花，柳樹枝條枯死，一些果樹結果後又再度開花等不
正常現象……

　　那麼，在地震前夕，植物為什麼能感到地震即將來
臨呢？科學家認為，地震在孕育的過程中，由於地球深
處的巨大壓力，便在石英石中造成電壓，於是就產生了
電流，植物根因受到地層中電流的刺激，便在體內出現
相應的電位變化。例如，日本科學家用高靈敏度的記錄
儀對合歡的生物電位進行長期測定，並認真分析了記錄
下來的電位變化，發現這種植物能感知震前的電流刺
激，出現顯著的電位變化和較強的電流。比如，1978年
6月10日和11日，連續兩天測得合歡出現異常強大的電
流，果然當地在11日下午發生了7.4級的地震，餘震持
續10多天，合歡的電流也隨之慢慢變小。

　　不僅能夠預測地震，植物還能將地震情況記錄下來。美國科學家傑可比發現，樹木的年輪具有記錄地震的作用。這位植物學家在阿拉斯加州的某地發現松樹的年輪長得很不規則，相互擠在一起，於是他查閱有關資料，果然在1899年這裡曾發生過大地震，並且震後地面有些上升。對此，傑可比給出了這樣的解釋，由於發生地震後，樹木的生長環境發生了很大變化，進而影響了樹木的生長。比如，地面上升或下降，能改變地下水對樹木的供應；地面的裂口會損壞樹根，而影響樹木對水分和養料的吸收。這些環境變化，都會在樹木的年輪上留下痕跡。因此，經歷過地下斷層活動期的樹木，在它的年輪上都會記錄下當時地震的有關情況，為人類研究地震、預測地震，提供了有益的資料和資料。

　　當然，人們對植物能預測地震的研究還剛剛開始，科學家預言，隨著研究工作的逐步深入，再結合其他手段，利用植物這個天然的地震「監測器」，一定會對地震預報有著積極意義。

古靈精怪的植物

會跳舞的風流草

　　1983年秋，中國廣西融安縣的退伍軍人余德堂，在採藥時，發現有兩株植物在無風的情況下擺動著葉子，彷彿在跳舞一般。他覺得十分稀奇，就把這兩株植物挖回了家。在他的精心培育下，這兩株植物當年就開花結籽了。其實，這種會跳舞的植物，叫做「跳舞草」，生長在中國南方的山坡野地裡，在印度、斯里蘭卡等熱帶地區也能見到。

　　這種草在跳舞的時候時而會像雞毛一樣飄動，也像鴛鴦相戲，丹鳳求凰，所以也有人叫它「雞毛草」或「風流草」。民間說它跳得迷人魂魂，所以又叫「迷魂草」。也有人見它兩片小葉永遠無限忠誠地圍繞大葉舞動，似忠臣保衛君主，便又稱之為「二將保皇」。

這種草是蝶形花科、山綠豆屬多年生落葉灌木，高約五、六十公分，莖幹粗若拇指；枝幹上每個葉柄頂端有一片大葉子，大葉子後面對稱長著兩片小葉；這些葉子對陽光特別敏感，每當陽光照射的時候，兩片小葉就會迎著太陽不停地繞著葉柄翩翩起舞，從太陽升起舞到太陽下山，它才疲倦地順著枝幹倒垂下來，開始休息。第二天太陽出來，它繼續舞動。

氣溫的高低會影響跳舞草的「舞蹈動作」。據觀察，隨著氣溫的升高，小葉的轉動速度加快。當氣溫升到30℃時，小葉轉動最為活躍。即使是陰天，它的小葉也會像蜻蜓或蝴蝶在花叢中翩翩起舞那樣擺動旋轉，妙趣橫生。

古靈精怪的植物

永不落葉的安哥拉百歲蘭

　　一般來說，植物都會落葉。即使是常綠樹也不例外，只不過這類植物的樹葉壽命相對較長，而且會交替落葉，表面看上去似乎一直都是綠色。那麼，世界上有沒有永不落葉的植物呢？

　　在安哥拉靠海岸的一片沙漠裡，生長著一種植物，它的葉子常年不落，壽命可以達到100多年，因此被人們稱為「百歲蘭」，當地人則稱其為「納多門巴」。

　　百歲蘭，屬裸子植物，它的莖杆一般為4公尺左右，露出地面的部分只有20公分，且匍匐在地上，看上去像一截矮樹樁。整株植物只一對葉子，百年不凋，最高壽命可以達到2000年以上。百歲蘭的兩片葉子長出來後，只會越長越大，不會脫落換新葉。一般來說，葉片

寬達1公尺多，長達10多公尺，非常珍貴。百歲蘭的葉肉腐爛後，會只剩下盤捲彎曲的木質纖維。

那麼，百歲蘭永不落葉的原因是什麼呢？

植物學家認為，百歲蘭的生長於條件非常惡劣，當地年降雨量甚至少於25毫米。幸好這片沙漠近海，所以常常有大量的海霧，百歲蘭便依靠這些霧水生存；百歲蘭的根是非常發達，深深地紮入地下，將吸收到的大量水分送往葉片，霧水又能使葉面保持濕潤，所以，雖然生存環境乾燥，但百歲蘭的葉子一年到頭都不會缺水，能保持旺盛的生命力。

另外一個原因在於其葉子的特殊構造。百歲蘭形狀十分奇特，其葉形似皮帶，靠近基端的部分既硬又厚，呈肉質狀，而葉尖部分卻又軟又薄，兩片葉子各自朝相反方向延伸。這種構造使百歲蘭的葉子不容易失水。

百歲蘭和它的葉子二者壽命是相同的，一旦葉子枯萎，那也就意味著百歲蘭生命的結束。

古靈精怪的植物

「人參精」與「何首烏精」之謎

在中國古代神話裡，任何東西都會吸取「日月精華」，時間久了就會成「精」，具人形、通人性。最常被提到的可以成精的中藥是人參和何首烏。在中草藥中，說到像人形，當首推何首烏，據說，中國道家神話「八仙過海」中的張果老就是服食了這種藥而成仙的。

1985年5月，中國湖南省新化縣採掘出兩株何首烏塊根，它們酷似孩童，並且極像一對男女，因此被稱為「童男玉女」。當地人都說這對身長達20公分，體重約400克的何首烏根是千載難逢的「何首烏精」，

1993年，中國福建省壽寧縣發現了一對形似「夫妻」的何首烏塊根，其中「男性」高18公分，「女性」高17公分，五官、四肢及性別分明。後來，在相隔不遠

的武平縣也發現了一對「夫妻」何首烏。

　　何首烏長得酷似人形本來就已經有幾分奇怪了，而且還多為「一男一女」，這種現象就成為了一個值得探討的問題。

　　除了何首烏之外，「人參精」的說法也由來已久，並被認為食用之後可以長生不老、得道成仙。相傳，古時候，中國有位忠厚老實，常年吃齋的老者。一天，他遇到了一位道骨仙風的道人，便忙上前施禮，並把他請到家中。老者本就樂善好施，又深深地被那道人不俗的談吐吸引。從此，道人每從老者家門經過，老者便請他入室，敬如上賓。

　　後來，那道人邀請老者到山中茅舍做客。兩人正在聊天，又來了三位客人，而且是三個瘋瘋顛顛的道人。主客坐定之後，主人用盤子托出一個又白又胖的娃娃。老者嚇得渾身打顫，眾人卻拍手叫好。一頓飯下來，雖然道人一再相請，但老者一口菜也沒吃。

　　飯後，道人詢問原因，老者說：「爾等出家人怎麼

古靈精怪的植物

能做這樣的惡事？」

　　道人哈哈大笑，解釋道：「那孩兒實為千年人參，服後可以成仙，看來你的緣分還沒到啊。」老者聽了連連歎息。

　　這固然只是一個傳說，但也有少數的人參卻真有人的樣子：它們有頭有腳，長著人一樣的腦袋，臉上還有眼睛、鼻子，「頭」上甚至還有「毛髮」。中國民間流傳著很多與人參和何首烏有關的傳說，但它們究竟為何會長成人形，至今也沒有科學的解釋。

神奇的迷幻植物

　　體內含有裸頭草鹼的墨西哥裸頭草蘑菇，人一旦誤食，就會變得肌肉鬆弛無力，瞳孔放大，不久就會情緒紊亂，對周圍環境產生隔離的感覺，如同進入夢境一般，但從外表看起來沒什麼特別，好像還是很清醒的樣子，因此所作所為常常使人感到莫名其妙。這就是一種迷幻植物。

　　「迷幻植物」，指的是那些食後能使人或動物產生幻覺的植物。具體地講，就是有些植物因體內含有某種有毒成分，如四氫大麻醇、裸頭草鹼等，當人或動物吃下這類植物後，可導致神經或血液中毒。中毒後的表現多樣：有的情緒變化無常，有的精神錯亂，有的頭腦中出現種種幻覺，常常把真的當成假的，把夢幻當成真

古靈精怪的植物

實，而做出許多不正常的行為來。

美國學者海姆，曾在墨西哥的古代馬雅文明中發現有致幻蘑菇的記載。以後，人們在瓜地馬拉的馬雅遺跡中又挖掘到崇拜蘑菇的石雕。原來，早在3000多年前，生活在南美叢林裡的馬雅人就對這種具有特殊致幻作用的蘑菇產生了充滿神祕感的崇敬心情，認為它具有無邊法力的「聖物」，能夠將人的靈魂引向天堂，恭恭敬敬地尊稱它為「神之肉」。

國外有不少科學家相繼對有致幻作用的蘑菇進行過研究，他們發現在科學尚未昌明的古代，秘魯、幾內亞、印度、西伯利亞和歐洲等地有些少數民族在進行宗教儀式時，往往利用迷幻蘑菇的「魅力」為宗教盛典增添神祕氣氛。

而人們利用的迷幻植物，除了墨西哥裸頭草蘑菇，還有哈莫菌和褐鱗灰等物。當人服用哈莫菌以後，服用者的眼裡會產生奇特的幻覺，一個普通人轉眼間變成了碩大無比的龐然大物，一切影像都會被放大。據說，貓

誤食了這種菌，也會懾於老鼠忽然間變得碩大的身軀，而失去捕食老鼠的勇氣。這種現象在醫學上稱為「視物顯大性幻覺」。

大孢斑褶生的服用者會喪失時間觀念，面前出現五彩幻覺，時而感到四周綠霧瀰漫，令人天旋地轉；時而覺得身陷火海，奇光閃耀。

褐鱗灰生的致幻作用則是另外一種情形。服用者面前會出現種種畸形怪人，或者身體修長，或者面目猙獰可怕。很快的，服用者就會神智不清、昏睡不醒。

世上最毒的五種植物

·顛茄

顛茄是多年生草本植物，全草入藥。原產歐洲中、南部及小亞細亞，喜溫暖濕潤氣候，忌高溫，怕寒冷，在20～25℃的氣溫條件下生長快，超過30℃生長緩慢。雨水多，易患根病。在土壤豐富、水分充足的地方生長茂盛，在世界一些地方大量存在。在美國，僅看到有人工種植的顛茄，野外幾乎沒有它的蹤影。這種植物種子多數，褐色，小而扁，呈腎形。株高1～1.2公尺。葉互生，葉片廣卵圓形或卵狀長圓形，全緣，葉表面呈蟬綠色，背面灰綠色。花冠鐘狀，淡紫褐色。漿果球形，成熟時黑紫色。花期6月至8月，果熟期8月至10月。

顛茄的葉、果實和根部都有含毒性成分顛茄生物

鹼，包括莨菪鹼等。顛茄裡面的致命毒素，如果吸入足夠的劑量，將嚴重影響影響到中樞神經系統，這些毒素神不知鬼不覺地麻痹侵入者肌肉裡面的神經末梢，比如血管肌，心臟肌和胃腸道肌裡面的神經末梢。致命的中毒症狀包括：瞳孔放大，對光敏感，視力模糊，頭痛，思維混亂以及抽搐。

顛茄長成到0.6～1.2公尺高時，毒性最強，此時它的葉子呈深綠色，花為紫色鐘型狀。漿果為甜味多汁，經常會迷惑兒童食用。兩個漿果的攝取量就可以使一個小孩喪命，10～20個漿果會殺死一個成年人。即使砍伐它，都要小心翼翼，以免引起過敏症狀。可是，奇怪的是，雖然它對人類和某些動物是致命性的，但是並非所有的動物吃了它都會中毒，馬、兔和羊吃了它的葉子相安無事，鳥類吃了它的漿果也不見喪命。

· **夾竹桃**

夾竹桃是一種矮小的灌木，原產於遠東和地中海地

古靈精怪的植物

區，現今已經被引種到世界各地。夾竹桃容易生長，在土質較差和天氣乾旱的地方也能種植。它的花有香氣，形狀像漏斗，花瓣相互重疊，有紅色和白色兩種，其中，紅色是它自然的色彩，「白色」是人工長期培育造就的新品種。花集中長在枝條的頂端，聚集在一起好像一把張開的傘，很漂亮，所以對人們有極大的誘惑力，許多人會用它來做裝飾品。

可是，這種植物並沒有因為人們的喜愛就減弱了自己的毒性，相反的，它往往被很多人認為是世界上毒性最強的植物。因為這種植物的所有部位都含有毒性：新鮮樹皮的毒性比葉強，乾燥後毒性減弱，花的毒性較弱。而且，這種植物的毒性並不單一，它美麗的外表之外蘊含著多種毒性。其中夾竹桃貳、糖貳是其中毒性最強的兩種，它們對動物的心臟具有很強的傷害作用。夾竹桃的毒藥是如此強大，實際上，人吃了蜜蜂採集過夾竹桃花所釀造蜂蜜，都可能中毒。

夾竹桃分泌出的乳白色汁液含有一種叫夾竹桃苷的

有毒物質，誤食會中毒。人中毒後初期以胃腸道症狀為主，有食欲不振、噁心、嘔吐、腹瀉、腹痛，進而出現心臟症狀，有心悸、脈搏細慢不齊、期前收縮，心電圖具有竇性心動徐緩、房室傳導阻滯、室性或房性心動過速，神經系統症狀尚有流涎、眩暈、嗜睡、四肢麻木。嚴重者瞳孔散大、血便、昏睡、抽搐死亡。

夾竹桃的毒性對人類及大多數動物都具有效應，一片夾竹桃葉的吞噬量，就可以使一名小孩斃命。受害者在誤食後24小時內為關鍵時刻，要儘快送往醫院救治，過了24小時後，病人的生還機率會大大提高。

儘管夾竹桃德毒性很高，可是它對二氧化硫，氯氣等有毒氣體卻有較強的抗性，所以也常被用於高速公路的綠化樹種。

·雞母珠

雞母珠，原產於印尼，現已遍佈世界各地熱帶和亞熱帶地區，甚至在美國的阿拉巴馬州、佛羅里達州、阿

古靈精怪的植物

肯色州、喬治亞州和夏威夷都可以發現它的蹤影。

這種植物屬於豆科，別稱相思子、紅珠木、雞母子、雞母真珠等。喜歡生長在開闊、向陽的河邊、海濱、林緣或荒地。雞母珠生長性非常強，如果不加以控制，它甚至可以排擠佔據其他植物的生存空間，成為該地的領主。

雞母珠結出來的種子非常漂亮，為橢圓形，種子2/3為紅色，頂部1/3為黑色，種子可用於裝飾用途，受到很多人的喜愛。這種首飾在一些宗教國家非常重要，因為那裡的人們把它當作念珠來使用。可是這樣漂亮的種子卻含有劇毒，它的毒性要遠遠超過葉和根。

原來，雞母珠的種子裡含有雞母珠毒蛋白，這種物質比蓖麻毒蛋白更具致命性，吸入不到3微克的雞母珠毒蛋白就可以使人喪命，而1顆雞母珠豆的含毒量要大於3微克。它破壞細胞膜，阻止蛋白質的合成，讓細胞最重要的職責不能夠完成。吸入後中毒的症狀為：在很短的時間內出現食欲不振、噁心、嘔吐、腸絞痛、腹

瀉、無尿、便血、瞳孔散大、驚厥、呼吸困難和心力衰竭，嚴重的嘔吐和腹瀉可導致脫水、酸中毒和休克，甚至出現黃疸、血尿等溶血現象，一般因呼吸衰竭而死亡。屍檢可見胃和腸內大面積潰瘍及出血。

不過，雞母珠的種子外殼較硬，完好的種子不容易對人構成傷害，所以誤食無破損的種子不易中毒，只有將塗層弄破時才有危險性。如果種子被刮傷或損壞，對人的危害將是致命性的。所以製造這種首飾的人面臨的危險性要遠遠高於佩戴的人。

·蓖麻子

蓖麻子可能起源於非洲，但現在世界各地都能看到它。因為耐寒，這種大型的灌木植物普遍在園林中使用。即使在貧瘠的地區，也生長得很好，而且不需要特別照顧，是一種被廣泛栽培的植物。

這種植物可以用來提取蓖麻油。蓖麻油是一種味道溫和的植物油，用在許多食品添加劑，香料和糖的生產

古靈精怪的植物

中。它也可作為瀉藥和起減輕疲勞的作用。在古代，蓖麻子用作藥膏。

據說，埃及女王克麗奧佩脫拉用蓖麻塗在白眼部分，使眼睛看起來更明亮。

蓖麻花是黃綠色的，花的中心是紅色的。葉子大而且呈鋸齒狀邊緣，遠遠觀看很是美觀，所以也常常做觀賞之物。可是，無論是榨油還是觀賞，這兩種作用都不能跟有毒物質聯繫起來。很少有人能想到這種植物竟然含有致命的成分：蓖麻毒蛋白。

蓖麻毒素在蓖麻中的含量算是少的，主要集中在種子壁上。種子中毒是罕見的，小孩或動物有時會沾染上，一旦沾染，那可是致命的。它的種子呈褐綠色，只要三粒種子，就可以讓吞食它的小孩斃命。

蓖麻子中毒症狀包括噁心，腹痛，嘔吐，內部出血，腎臟和體液流通不暢。在豆類加工用於商業用途的地區，因粉塵中毒是常有的事。許多人因吸進含有蓖麻子的灰塵而出現過敏反應，可能會出現咳嗽，肌肉疼痛

和呼吸困難等症狀。

・水毒芹

　　水毒芹（英文名為：Water Hemlock），平均高為0.6～1.3公尺，可以長到1.8公尺高。原產於北美洲，多生於沼澤地、水邊、溝旁、濕草甸子和林下濕地處。屬於傘形科植物。水毒芹氣味令人難受，有毒，其毒性更甚於毒芹。

　　它的主要有毒成分為毒芹鹼、毒芹毒素和甲基毒芹鹼。毒芹鹼的作用類似箭毒，能麻痺運動神經，抑制延髓中樞。人中毒量為30～60毫克，致死量為120～150毫克；加熱與乾燥可降低毒芹毒性。

　　毒芹毒素主要興奮中樞神經系統。水毒芹所含有的毒芹素，食後不久即感口腔、咽喉部燒灼刺痛，隨即出現胸悶、頭痛、噁心、嘔吐，吐出物有鼠尿樣特殊臭味，乏力、嗜睡；繼則四肢無力，步履困難，痙攣，肌肉震顫；四肢麻痺（先下肢再延及上肢），眼瞼下垂，

古靈精怪的植物

瞳孔散大，失聲，常因呼吸肌麻痺窒息而死。致死期最短數分鐘，長則可達25小時。即使幸運生存下來，也可能患上失憶症或將長期面臨亞健康狀況的困擾。

　　很多人把它誤認作荷蘭防風草，進而犯下潛在的致命誤食錯誤，水毒芹的毒素主要集中在要根部位置，對於任何把它當成荷蘭防風草而誤食者，都將面臨迅速死亡的危險。所以水毒芹被很多人認為是北美洲最致命的植物。

植物的自我保護高招

在遭遇危險時，有些動物會改變自己的顏色，以和周圍的環境一樣，不讓天敵發覺；有的動物則依靠身上的毒或者刺，讓敵人望而卻步。

植物是否也具有這種自我保護的本領呢？答案是肯定的。在漫長的進化過程中，植物形成了很強的自我保護能力，而且招式多種多樣。

·繁殖

這是禾本科植物所採取的主要手段。生長快、繁殖茂盛，只有這樣，才能避免因牛、羊等草食動物的吞食而被徹底毀滅。像這種幾乎沒有防禦能力的植物，只能依靠數量來保證安全。

·針、刺等武器

古靈精怪的植物

　　有些植物天生長有銳利的針、刺或者荊棘。用這些作為自我保護的武器，敵人就不敢接近它們了。如皂莢樹的樹幹和枝條上長了許多大而分枝的枝刺，不僅動物不會故意「招惹」它們，連人類有時候也不敢攀登。還有一種產於南非的錨草，它的果實形似鐵錨，硬刺四伸，刺上還有鉤，一旦刺入動物的口腔、鼻孔，就很難拔出，甚至會導致動物無法進食而致死，所以連獅子見了它也要退避三舍。

·毒性

　　許多植物含有有毒物質，對抵抗動物侵害很有威力。比如夾竹桃中含強心苷，昆蟲一旦咬食它們，就會因肌肉鬆弛而喪命；比如一些金合歡植物含有氰化物，能夠損壞細胞的呼吸作用；而絲蘭和龍舌蘭中則含有可使動物紅細胞破裂的植物類固醇……當植物被觸摸或被吃掉時，這種有毒物質便會發揮作用，保護自己。

·異味物質

　　有的植物雖不含毒素，但體內的某些物質卻使它們

成為不受動物歡迎的植物。比如橡樹葉子含鞣質，與蛋白質結合時會形成一種絡合物，降低了葉子的營養價值，使昆蟲會主動遠離它們。還有些植物還有或苦或酸的物質，多數動物可以嗅到它們散發出來的氣味，或者再嘗過之後就再也不會問津了。

・落葉

這也是植物的一種自我保護方法，但這種方式不是為了對付動物的侵犯，而是為了適應環境。這些植物多要面對嚴寒、酷暑等惡劣氣候，所以，它們會主動地落葉，以減少水分蒸發，順利地度過惡劣環境。如梧桐樹、苦楝樹、水杉等植物都會在嚴寒來臨之際脫落所有的葉子，進行自我保護。

除此之外，植物分佈的地理環境也會決定其防禦武器的形式。有一些植物會利用擬態來保護自己。比如非洲南部原野的番杏科的圓石草和角石草，植株矮小，外形酷似卵石，混生於沙礫之間，其色澤與紋痕與天然石頭相差無幾。動物很難發覺到它們。例如生長在乾燥和

古靈精怪的植物

乾旱地區的植物，葉子一般都是針狀的，除了能夠貯水之外，還能達到自我保護的作用。因為這些地區植物稀少，動物可以為食的植物非常有限，所以，它們只能透過這種堅硬的針狀葉子來保護自己。

植物的這種自我保護本領非常重要，因為大自然中的病菌、昆蟲和高等動物，無時無刻不在對植物進行侵襲，如果它們缺少這些本領，將無法保證自己的生存。也正是因為這些「高招」，才使綠色植物在地球上一直保持著絕對優勢。

會認親的神奇植物

「植物擁有祕密的社會生活，植物生態學家對這種情況相當瞭解。」加拿大麥克馬斯特大學的達德利教授提出了植物也會認親的觀點，但植物的這種能力以前似乎沒有得到很好的證明。人們都知道，動物可以透過叫聲、氣味等辨認出自己的「親戚」，那麼，植物是不是也有這種能力呢？達德利和他的同事菲爾透過研究證明：不相干的植物生長在一起時，競爭得非常厲害，而同屬植物生長在一起相對好一些，也就是說植物不僅能識別出自己的「親戚」，並且它們對待陌生植物相當不友好。在達德利的實驗中，他們在4個容器裡種了一批適於海灘生長的卡克勒植物，其中一盆與來自相同母系家的植物種在一起，而其他三盆則栽種了不同母系家族的

古靈精怪的植物

植物。兩個月後，達德利發現那些生長在陌生植物附近的海灘植物，擁有更加龐大的根系。

海南芥同樣具有這項「特異功能」，它能將那些和自己有親屬關係的植物與那些和自己不相干的植物區分開。當海南芥發現周圍生長著和自己不相干的植物時，就會將龐大的根系鋪展開來，最大限度汲取養分；如果它發現周圍的植物是自己的「三姑六婆」，就會禮貌地克制自己。這就是植物「社交性」的表現，與之類似的還有菟絲子，它也具備識別親屬的能力。但是，植物如何分辨出自己的「親戚」，現在仍然是一個未解之謎。達德利認為，每個植物家族都擁有特定的蛋白質或化學信號，在生長過程中會不斷地將這些資訊分泌到周圍的土壤中，並且它們還擁有捕捉土壤之中其他植物散佈的信號的能力。所以，植物並不是對周圍環境「一無所知」。相反的，它們能夠透過土壤中的化學暗示，或者透過周圍可利用的水分或養料的改變，意識到附近植物的存在，並分辨其屬性，進而調整自己的生長情況。

酷似人類身體的海椰子

　　很久以前，一位馬爾地夫漁民在印度洋上捕魚時，撈到了一顆奇特的椰子，它的形狀竟像是女人的骨盆。他將這顆椰子帶回了島上，人們聞訊紛紛趕來觀賞。最後，人們一致認為這種奇形怪狀的椰子是生長在海底的椰樹的果實，所以就給它取了一個名字，叫做「海椰子」。

　　後來，人們在在塞席耳群島的第二大島普拉斯蘭島發現了這種椰樹，那裡的「五月山谷」裡，掛滿了這種巨型的椰子。如今，這種神奇靈異的植物已經成為遊客到塞席耳群島必定會去觀賞的植物，儼然成為了風光旖旎、花香襲人的神祕島國塞席耳的一個象徵。

　　海椰子樹的生命力非常旺盛，能活1000多年，並能

古靈精怪的植物

連續結果850年以上。但是它的生長極其緩慢，25年才
會結果，而果實還要經過7年才會成熟。它的果實呈墨
綠色，比普通的椰子大得多，每個都重達二十幾公斤，
還分雌雄兩種。無論是形狀還是大小，都容易使人聯想
到人的身體，其中雌椰子的果實呈骨盆形，雄椰子樹的
果實呈長棒形。塞席耳當地廁所門上常常畫著雌、雄海
椰子，表示男女有別。

　　海椰子渾身是寶，成熟之後，椰子汁味道醇美，不
僅能治療中風，還是釀酒的好原料；堅硬的白色椰肉也
有很好的藥效，被作為上等的補藥出售；椰子的果核
是貴重的工藝品原料；葉子可製席、織帽和作建築材
料……因此，海椰子被稱為「塞席耳的國寶」。

　　在塞席耳首都維多利亞的植物園裡，種植著很多海
椰子樹。這種神奇的植物雌雄異株，就像一對對熱戀的
情侶。公樹一般都高大挺拔，最高可達30多公尺，比母
樹高出五、六公尺左右；母樹則像一個嬌俏的姑娘亭亭
玉立，依偎在公樹旁邊。海椰子樹公樹和母樹總是並肩

生長，連紮在地下的根也是纏繞在一起。如果其中一棵被砍伐，不久之後，另一棵樹也會悲壯地「殉情而死」。塞席耳島上流傳著許多關於海椰子的浪漫傳說：在滿月的夜晚，雄性海椰子樹會自行移動去和雌性海椰子樹共度良宵。

古靈精怪的植物

預報氣象的樹

　　中國廣西的忻城縣龍頂村，有一棵能預報氣象的青岡樹。這棵已經有百年樹齡了，它是透過葉片的顏色來預報天氣的。

　　晴天時，葉片呈深綠色；天將要下雨前，就會變成紅色。當地的村民們不用聽天氣預報，只要看到這棵青岡樹的葉子顏色變化，就知道天氣的情況。

　　在美洲的多明尼加，也流傳這樣的一句話：「要想知道天下不下雨，先看雨蕉哭不哭。」

　　他們所說的「雨蕉」是當地生長的一種樹，它能準確預報出天氣晴雨。雨蕉的葉片和莖幹的表皮組織十分細密，全身好像披上了一層防雨布。

　　下雨之前，空氣的濕度很大，雨蕉樹體內的水分很

難依靠蒸騰作用散發出去，只能從葉片上溢泌出來，形成水滴，不斷地流下來，這就是人們所說的雨蕉樹在「哭泣」了。所以，人們便把雨蕉樹「流淚」當做要下雨的徵兆。

　　正是因為雨蕉樹的這種特殊的功能，多明尼加人會在自家門前栽種上幾棵，外出以前看一看，好掌握天氣情況。

 # 會笑的樹

　　樹會發笑？這種事情不足為奇。在非洲盧旺達首都的一家植物園，人們就常常會見到這種現象：颶風的時候，這裡總能聽到「哈、哈……」的笑聲。

　　可是，不知緣由的遊客即使很努力的想找出那個發笑的人，也往往不能如願。這個時候，當地人就會手指一棵大樹，自豪地來為你解開謎團──這是一種會發笑的樹，它以笑聲表示對你的歡迎。

　　原來，這種笑樹的每根丫杈間，都長著一個像小鈴鐺般的皮果，很薄很脆，裡面是個空腔，生著許多小滾珠似的皮蕊，能自由滾動；皮果外殼長滿斑斑點點的小孔。一陣風吹來，皮果來回擺動，皮蕊在空腔裡來回滾動，不斷撞擊清脆的外殼，就發出了那種像是人在發笑

的聲音。因此，當地人稱它為「笑樹」。

巴西有一種更為奇特的樹，它白天「笑」，晚上「哭」，會發出不同的聲響，它是一種名叫「莫爾納爾蒂」的灌木。

經過植物學家研究後，他們認為這種奇妙的現象與陽光的照射有著密切的關係。

可以當炒菜作料的樹

·可做味精的樹

中國雲南省貢山獨龍族自治縣境內有一棵長得像百年古柏的闊葉大樹，葉闊大如掌，葉脈清晰，肉厚實，樹皮呈深褐色。奇特的是，多少年來，這棵樹成了山寨裡公用的「味精」樹。當地人做菜時只需從這棵樹上摘一點樹皮置於鍋內，菜味就會變得格外鮮美香甜。

·能產食油的樹

中國的陝西有一種叫「白乳木」的樹，把它的皮切開後會有一種白色液體流出。這種液體含油豐富，可做燃料，又可食用。在奈及利亞、馬來西亞、薩伊等國，有一種油棕，含油量非常高，可以產出能食用的油。

·能生產醋的樹

中國西北、華北山區，普遍生長著一種醋樹，這種樹叫沙棘，又名醋柳，是灌木狀小喬木。

其果實成熟後，採摘下來，壓榨成汁，色味如醋，當地人便用來代替醋使用。

·能產鹽的樹

樹會出「汗」。汗水蒸發後，留下了一層雪白的結晶物，嘗一嘗，鹹鹹的，竟然是鹽。這是怎麼回事？原來，因為地裡的鹽分太高，甚至地表上都出現了很多的鹽鹼物，生長在這種土地上的植物，當然要有些特殊的本領了。

因為體內積存太多的鹽，如果不懂得消化和排解，難免會中毒而死。為了生存下去，有些植物的莖葉上密佈著專門排放鹽水的鹽腺。當含鹽的水蒸發後剩餘的結晶鹽對植物體就沒什麼危害了。這其中的代表就首推木鹽樹了。

古靈精怪的植物

　　此外，在中國的華北、西北等地，生有一種叫鹽角草的植物，除水燒乾後，人們發現鹽的比重可達45％。阿根廷有一種藜科植物濱藜，能大量吸收鹽鹼地鹽分。1公頃的濱藜一年可吸收1噸鹽鹼，濱藜是一種牛、羊愛吃的牧草，阿根廷人在鹽鹼地上種植大量的濱藜，這樣既改善了土質，又養了牧畜。

能存水發電的樹

·可以存水的樹

有一種樹，能夠像儲水桶一樣存水，這種樹長在南美巴西。每逢下雨，它的「大肚子」能儲存多達兩噸水。乾旱時，別的樹都因缺水而變得枯黃，它卻安然無恙。行路的人口乾找不到水，可飲此樹中的水解渴。

·會發電的樹

印度有一種會發電的樹，有發電和蓄電的本事。如果人們不小心碰到它的枝條，立刻就會感到像觸電一樣難受，而且它的蓄電量還會隨著時間而發生變化，中午所帶電量最多，午夜所帶電量最少。對此，人們推測，這可能與太陽光的照射有關。

散發醇香的樹

據說，日本新瀉縣城川村有一棵長相很像杉樹的「酒樹」。它流出的白色液汁，好似芳香醇濃的美酒，喝起來略帶苦味。

在非洲中部和東部也生長著「酒樹」，這種樹名叫休洛樹，常年分泌出含有酒精的液體，人們在樹下經過時，就會聞到陣陣的酒香。當地蒲拉拉族人常常邀朋約友，帶著下酒菜，坐在樹下取酒痛飲。因為只要在樹上挖個小洞，美酒就會源源不斷的流出。

酒樹奇，酒竹更妙。有一種奇特的小青竹，生長在坦桑尼亞的蒙古拉大森林中。它能產出醇厚芳香的美酒，所以當地居民稱它「酒竹」。這種竹酒含酒精30度左右，不僅味道純正，清香可口，而且有解暑清心、消

煩止渴和強身健胃的作用，是不可多得的佳品。當人們想喝竹酒時，就把竹尖削去，再把酒瓶放置好，第二天早上，瓶子裡便裝滿了乳白色的竹酒。當地人十分喜歡這種竹酒，因此在款待摯友親朋，或在盛大的節日裡或喜慶的宴席上，都少不了這種竹酒佳釀。

除此之外，有一些椴樹還能釀蜜，主要分佈於北溫帶和亞熱帶。中國擁有此樹種32種，堅果類主產溫帶，核果類主產亞熱帶；會開花，花期在7月上旬至中旬，最早年分為6月26日。花具蜜腺，香甜芳香，為優良蜜源樹種。很多人會選擇在這種樹的附近養蜂，以採集蜂蜜。

古靈精怪的植物

 **會產奶的樹**

　　自然界裡，有一種能像牛一樣產出奶汁的樹，叫做「牛奶樹」。

　　在亞馬遜河流域，生長著一種被當地居民叫做「乳頭」的牛奶樹。這種樹每天能定量供應2～4公斤乳液，液汁濃厚，略帶辣味。但是，這種奶只要加水煮沸，苦辣味便會消失，同樣能成為營養豐富又美味的飲料。

　　在南美洲的厄瓜多爾、哥斯大黎加、委內瑞拉等國也可以見到牛奶樹。

　　這種樹的果實很小，不能食用，可是樹內的汁液味道很美，富含的糖、脂肪、蛋白質等成分，完全可以與最優質的牛奶相媲美。當地居民什麼時候想喝牛奶，只要用刀在樹上劃個小口，乳白色的汁液就可源源不斷地

流出來供他們飲用。據說，一小時就能收集到 1 公升左右。不過，這種奶必須現吃現擠，不能長時間存放。因為放久了會變質，汁液變濃、發苦。

為了便於隨時取奶，人們就把這種樹栽種到房前屋後。如果將牛奶樹的乳汁放在鍋裡煮沸，乳汁上面還會出現一種蠟質。當地居民就用這種蠟質製作蠟燭，供照明用。

奇怪的「婦女樹」

在奈及利亞叢林處的土著居民的居住地，有一棵奇異的樹，高約4公尺，莖長42公分，莖的頂端長有一個「性器官」。這是在1863年義大利自然科學家羅利斯發現的。

經過18個月的觀察，羅利斯初步發現了這棵奇樹的祕密。它沒有花蕾，就像動物生育後代一樣，它從「性器官」分娩出來了35朵花。奇樹分娩後15天，鮮花開始枯萎，樹的「性器官」也開始萎縮。這種奇特的現象到了12月分，奈及利亞夏天來臨的時候，又會重新出現。

奇樹結果也是在「性器官」內進行，生長期長達9個月，就像母體內的胎兒那樣。

它的外胎呈灰色，成熟後就離開母體。但種子不會

發芽生長，沒有任何生命力。羅利斯根據奇樹的這些特質，把它命名為「婦女樹」。他認為「婦女樹」大概是土著居民從密林中其他同類樹上切樹芽移植到居留地，經過精心培育而成的。

為了進一步證實這一設想，羅利斯在森林中徒步跋涉500公里，終於發現了兩樣同類的「婦女樹」。他因此證實這種樹非常稀有，瀕於絕種。

這種奇樹已引起了植物界的注意，但它特異的生理機能，至今無人能解。

古靈精怪的植物

「流血」的樹

　　在中國雲南和廣東等地有一種樹，被稱作胭脂樹。把它的樹枝折斷或切開，會流出像「血」一樣的液汁，乾後凝結成血塊狀的東西。這是很珍貴的中藥，稱之為「血竭」或「麒麟竭」。經分析，血竭中含有鞣質、還原性糖和樹脂類的物質，可治療筋骨疼痛，並有去痛、祛風、散氣、通經活血之效。這種樹叫做麒麟血藤，它的莖可以長達10多公尺，通常像蛇一樣纏繞在其他樹木上。在中國西雙版納的熱帶雨林中還生長著一種龍血樹。當它受傷之後，也會流出一種紫紅色的樹脂，把受傷部分染紅，這塊被染的壞死木，在中藥裡也稱為「血竭」或「麒麟竭」與麒麟血藤所產的「血竭」具有同樣的功效。龍血樹還是長壽的樹木，最長的可達六千多歲。

植物也吃肉

　　植物並不都是透過光合作用獲取養分生長的，也有可能依靠食用蟲類昆蟲來養活自己。這類植物靠消化酶、細菌或兩者的作用將其分解，然後吸收其養分。它們能借助特別的結構引誘捕捉昆蟲甚至是一些小蜥蜴、蛙類、小鳥等小動物，因此被稱為食蟲植物，也稱食肉植物。

　　食蟲植物之所以有其他普通植物所不具備的特質，奧祕在於「捕蟲器」上。「捕蟲器」是這些植物葉的變態，形態多樣：如，茅膏菜的捕蟲葉為匙形或球形、表面長有突出的腺毛，頂端分泌黏液，當小蟲觸動葉片上的一些腺毛時，其他腺毛同時捲曲，將捕獲物團團圍住；豬籠草的葉在延長的捲鬚上部擴大成一瓶狀體，上

古靈精怪的植物

面還有半開的蓋子，在瓶口附近及蓋上生有蜜腺，用來引誘昆蟲；捕蠅草在葉的頂端長有一個酷似「貝殼」的捕蟲夾，能分泌蜜汁，當有小蟲闖入時，能以極快的速度將其夾住；瓶子草的瓶狀葉，外表色彩鮮豔，能分泌蜜汁和消化液，受蜜汁引誘的昆蟲失足掉落瓶中，就會被消化吸收。

　　食蟲植物不僅可以當作觀賞植物，也可以用來捕捉蒼蠅、蚊子等害蟲，實為有趣有益的植物。可是，食蟲植物非常稀有，已知的食蟲植物全世界共有10科21屬，約600多種。它們大多生活在高山濕地或低地沼澤中，因為土地貧瘠，所以用誘捕昆蟲或小動物這種特有的方式來滿足營養物質的需求。

神奇的「蝴蝶樹」

　　美國南方蒙特利松林中，有一種蝴蝶樹。乍一看，它與其他松樹並無明顯差異，但每到秋天，成千上萬從北方定期飛到這裡越冬的彩蝶，會不約而同地降落在這種松樹上。牠們將色彩斑斕的雙翅緊緊閉合起來，一隻挨著一隻，密密麻麻地爬滿了松樹的枝葉，之後紋絲不動。霎時間，松樹都變成了五光十色的彩虹樹，這裡頓時變成了「蝴蝶世界」。「蝴蝶樹」為什麼能吸引從多的蝴蝶棲息，至今仍是個謎！

會發出人聲的古樹

在中國東北地區沐撫辦事處大峽谷風景區營上村，有個叫大樹子的地方，這裡有一棵需五個人合圍才能抱住的大古樹，被當地的老百姓稱為小葉楠木樹。其實這樣的稱呼是不對的，這種樹實際上叫黃心夜合，別名長葉含笑樹，屬木蘭科，至今已有約400多年的樹齡了。這棵樹不僅生命力強盛，還總是發出一種沉悶的哼哼的聲音，就像在懷念自己昔日的戀人。

原本，在這棵樹的旁邊還有還有另外一棵樟樹，兩棵樹相生相惜，宛如一對戀人。但在20世紀的50年代中國大煉鋼鐵運動中，樟樹被人們砍倒煉了樟油，從此，就只剩下這棵楠木樹孤零零的生長著。從那以後，這棵古樹就總會發出哼哼的聲音。

70年代，村民堆放在古樹邊的柴禾意外失火，大樹

樹根部被燒焦了一大片。很多年過去了，大樹幹上燒焦
的地方已經變成了一個大洞。這棵古樹不但頑強的生長
著，而且在樹洞裡面又生長出了四、五根新的根鬚。現
在這棵樹一年四季枝葉茂盛，沒有衰敗枯萎的痕跡，但
它依然經常發出哼哼的聲音，猶如唱著一首怨曲，好像
是在向人訴說著自己的孤獨和對樟樹「戀人」的思念。

　　古樹為什麼會發出這樣的聲音，現在還沒辦法用科
學的方法去解釋，但人們應該相信，終會有這麼一天，
科學家終會解開古樹發聲的奧祕。

不同功效的藥樹

・驅蚊樹

在中國南部生長著一種名叫「山胡椒」的落葉小喬木，人們稱其為「驅蚊樹」。之所以會有這樣的名字，是因為這種樹的枝葉熏燒出來的煙霧能驅趕蚊蟲。不但如此，這種樹的種子榨出的油香味濃烈，是特效的防蚊液，如果塗擦在傷口上，有止痛殺菌的功效。

・膏藥樹

「膏藥樹」生長在中國雲南蘭呼縣，高10公尺左右。每年6～7月分，當地群眾像割膠一樣，在樹上開一個裂口，裂口上便有一種乳白色的汁液流出來。將這種香味濃郁的膠汁可以製成膏藥，用以治療跌打損傷和風濕等病。

· **維生素C樹**

世界珍稀果樹「維生素之王」生長在中國海南省保亭熱帶植物研究所，這種「皇牌樹」結下的一粒小小的阿西朵拉果，就夠一個人一天維生素C的需要量。

· **能治牙痛的樹**

有一種奇怪的灌木，果實呈黑色，稍許吃一點就能達到鎮靜止痛作用，當地人們常用來治療牙痛等病症。這種樹生長在阿拉伯。

古靈精怪的植物

樹也會噴火

1988年4月16日中午，中國上海的一條馬路旁，一棵大槐樹突然從樹洞裡竄出熊熊的火焰。人們見狀，趕緊報警。幾分鐘之後，消防人員趕到了現場，用滅火器撲滅了亂竄的火苗。人們以為沒事了，誰知道幾分鐘後，火苗又再次從樹洞裡竄了出來。消防隊員又用高壓水槍猛射了一陣，才算熄滅了火舌。

樹為什麼會噴火呢？人們議論紛紛。對此，消防隊員推測，可能是地下的煤氣管道外洩，煤氣蓄積在樹洞裡，散發不出來，之後可能有人往樹洞裡扔了煙頭，導致失火。但煤氣公司工作人員現場做了探漏檢查，並沒有發現管道有漏氣的現象，顯然這個推測不成立。所以為什麼樹會噴火，這個謎底至今無人能解。

不怕原子彈的樹

　　二戰時，日本廣島遭美國原子彈轟炸，變成廢墟，全市有死傷達到幾十萬人，許多樹木都被射線摧毀，可是在唐宋年間從中國引種過去的公孫樹卻巋然不動，頑強挺拔地繼續生長著。

　　公孫樹是一種長壽樹，在中國山東莒縣浮來山寺大殿前就是一棵。這棵公孫樹高24.7公尺，粗12.7公尺，相傳為商代所植，距今3000餘年，被當地人們稱之為「銀杏爺爺」。

　　公孫樹為什麼會這樣長壽呢？經過研究，科學家分析，它的細胞組織內有 α —乙烯醛和多種有機酸，如銀杏黃素和白果黃素等多種雙黃酮素，它們往往與糖結合成苷的狀態，或以游離的方式存在，具有抑菌殺蟲的作

古靈精怪的植物

用。當病菌侵入其葉子時，葉子的細胞壁增厚，形成了「銅牆鐵壁」，病菌就無能為力了。

　　即使有一些病菌侵入了它的機體內部，也會被銀杏殺死。但是銀杏為何能抵禦核爆炸，不怕原子彈的侵襲，這一點還有待研究。

金橘樹唱歌

　　金橘樹是一種觀賞植物，可對於中國一位年過七旬的老人來說，金橘卻是一種奇特的樹，因為他們家栽種的那顆金橘樹會唱歌。

　　這位老人是蒙古族退休幹部，平時喜歡養花養草，退休後更是專注於當一個「花農」。有一年3月底，老人居住的阿左旗街道上出現了從外地運來販賣的一些花卉。老人的老伴看中了其中一盆小金橘樹。當時這盆小金橘樹上結的金橘並不多，除了有幾顆是黃色外，大多還是青綠色的。不過老伴認為很喜慶，老倆口就當場花50元抱回家。

　　開始的時候，這盆小金橘樹也沒什麼特別。雖然也結了一些小金橘，但多是味道苦澀，無法下嚥的。所

古靈精怪的植物

以，老人也就只把它當作擺設，不指望它能夠提供果實
了。有一天，老人的小外孫在外面玩耍的時候，突然像
發現了寶物一樣的興奮，急忙跑到老人的屋子裡，大聲
說：「老爺，老爺，你家小金橘樹會唱歌呀！」老人和
老伴急忙趕到養花的大客廳裡。果然，自家的小金橘樹
竟發出陣陣莫名其妙的聲音。細細一聽，一會兒像田野
的蟋蟀在叫，一會兒像河邊的青蛙在叫，一會兒也聽不
出到底算什麼聲音。自此以後，老人家就沒了安靜的夜
晚。每天晚上從8點左右開始，這株金橘就像百靈鳥一
樣按時在老人家「唱起歌」來，發出的聲音不間斷，一
般都會持續到晚上11點左右，全家幾間屋都可聽到。

終於，老人在好奇心地驅使下，開始四處打聽這種
現象產生的原因。但得到的結果是沒有人遇到過金橘樹
會發出聲音的怪事，並且有人提出了質疑。於是，很多
人慕名到老人家裡參觀。這個消息也吸引了新聞媒體的
關注。但是到目前為止，這個奇怪現象還沒有專家能夠
作出科學的解釋。

毒性最強的樹

　　在中國西雙版納海拔1000公尺以下的常綠林中，生長著一種叫做箭毒木的樹。此樹是一種劇毒植物和藥用植物。箭毒木的乳白色汁液含有劇毒，一經接觸人畜傷口，即可使中毒者心臟麻痺，血管封閉，血液凝固，以至窒息死亡，所以人們又稱它為「見血封喉」。據分析，見血封喉植物的主要成分具有強心、加速心律、增加血液輸出量的功能，是一種有較好開發前景的藥用植物。

　　在歷史上，當地少數民族曾將見血封喉的枝葉、樹皮等搗爛取其汁液塗在箭頭，射獵野獸。據說，凡被射中的野獸，上坡的跑七步，下坡的跑八步，平路的跑九步的就必死無疑，當地人稱為「七上八下九不活」。

69

古靈精怪的植物

性別可以轉變的樹

　　動物變性不足為奇，黃鱔就是一個很好的例子。這種動物一生中，先是雌的，後來變成雄的。紅綢魚只能由雌性變成雄性，而雄性卻不能變換成為雌性。既然動物的性別可以變，植物會不會也能變性呢？當然可以，但為數不多。

　　北美洲的一種最普通的樹木——紅楓樹，有異乎尋常的變性情況。根據傳統，紅楓樹有時呈雌性，有時呈雄性，有時卻雌雄同株。美國波士頓大學植物學家曾經對這種現象進行研究，他們用7年時間共考察了麻省的79株紅楓樹，記錄了每年每株樹的性別與開花的數量。考察結果表明，有4株雄性紅楓樹會開出一些雌性的花序。另外18株雌性紅楓樹中的6株卻會開出少量雄性花

序。還有2株紅楓樹卻是雌雄難辨，它們每年在雌性與雄性之間發生撲朔迷離的變化。但大多數紅楓樹（55株）還是能夠一直為雄性的。

　　紅楓樹這種性變轉變意味著什麼呢？波士頓大學植物學家認為，依照常理，雌雄同株植物個體的性變應該大於性別正常的植物，因為它們需要更多的能量來產生性變。可是，事情卻不是這樣，雌雄同株紅楓樹的個體並非很大，一般情況下反而小於其他植物。他們推測，這種性別上自相矛盾的樹木，可能經歷了一個不正常的性發展過程。至於為什麼會產生這種現象，科學家們目前還不能給與更詳盡的解釋。但是隨著科技的發展，越來越多這樣的植物被發現，印度天南星就是其中的一種。

　　生長在溫帶和亞熱帶地區潮濕的林下或小溪旁的印度天南星是多年生草本。植株有三種類型，分別為雄株、雌株和無性別的中性株。有趣的是，這些不同性別的植株可以互相轉變。

古靈精怪的植物

經過長期的研究和觀察，科學家們發現，印度天南星的變性同植株體型大小密切相關，植株高度值以398公厘為界，超過這高度的植株，多數為雌株；小於這個高度值的植株，多數為雄株。科學家們還發現，植株的高度值在100～700公厘間，都可能發生變性，而380公厘卻是雌株變為雄株的最佳高度。

這是為什麼呢？原來，植物在開花結實時，需要消耗大量營養物質，只有高大的植株才能滿足這種需要，所以大型植株都為雌性。同樣原因，小型植株營養補給不足，多為雄株。但是營養的補給不是永遠不變的，植物對於營養物質的吸收也不是永遠固定的。所以很多印度天南星前一年為雌株（大體型）的，由於結實消耗了大量營養，第二年便變成了雄株〔小體型)。雄株變雌株的道理相同。中性植株的存在，也是由營養條件決定的，當它不能變為雌株時，就暫時為中性株存在。

植物能「互通情報」

　　每年冬季，南非的克魯格公園裡的捻角羚羊會莫名其妙地大量死去，死亡率有時達39%。這種奇怪的現象引起了人們的關注，所以在1986年，相關人士邀請了南非的動物學家范・霍文來對此進行研究，以找到捻角羚羊的死亡的真正原因。

　　范・霍文觀察和檢驗了死羚羊胃裡的東西，發現羚羊所吃的金合歡樹葉的丹寧酸含量異乎尋常地高。過高的丹寧酸毒害了羚羊的肝臟，所以吃過金合歡樹葉的羚羊大約兩星期後就會死亡。

　　金合歡樹葉具有保護自己的功能，它們能大量分泌丹寧酸，增加葉中的丹寧酸含量，而且被羚羊吃過葉子的金合歡樹，不僅自身分泌出更多的丹寧酸，還能迅速

古靈精怪的植物

向周圍的金合歡樹發出「有危險」的警告，讓同伴們也增加葉中的丹寧酸濃度。於是，許多羚羊因為食用了這種樹葉而受害。冬季食物較少，羚羊又被圍養在不大的公園一角，沒有更多的選擇其他食物的機會，只能大量吞食金合歡樹葉。這就是很多羚羊莫名其妙死去的原因。

不僅金合歡樹有「互通情報」的本領，其他植物也有。科學家早就注意到，在美國西雅圖的一座森林裡，每當4月初，當第一株柳樹被當地的一種毛蟲襲擊時，它周圍的柳樹甚至30公尺以外的柳樹都很快採取「自衛」措施：柳葉中增加生物鹼的含量，使葉子變得苦澀難吃而又無法消化。這些毛蟲常常會因為「食物」無法消化而紛紛死去。顯然，被毛蟲侵犯的柳樹迅速向同伴們傳達了「有敵來犯」的情報，進而保護了其他的柳樹免遭蟲害。

曾有兩位生物學家作過這樣的試驗：他們在溫室裡放了45棵盆栽楊樹，其中同一間屋子裡放了30棵，遠

處的另一間屋子裡放了15棵。他們將30棵樹中的15棵的葉子打破。52小時後，兩位科學家對樹葉進行了分析發現：已打破葉子的15棵楊樹與在同一屋中的另外15棵楊樹的葉中都含有大量的抗害蟲物質，而在遠處另一間屋中的楊樹葉卻和先前一樣沒有變化。

不怕火燒的「英雄樹」

　　樹能滅火？這早已經不是什麼奇聞了。生長在非洲的安哥拉的一種叫作梓柯的樹，就有這樣的功效。它的枝杈間長著一個個饅頭似的節苞，裡面儲滿了液體，節苞滿布著小孔。當它們遇到火光的時候，就立即從小孔噴出液體，這種液體含有四氯化碳，是一種滅火能力很強的化學物質。因此，人們稱這種樹為「滅火樹」。

　　木荷樹也是一種防火樹，能阻止火焰蔓延。它通常生長在中國粵西山區森林中，樹葉含水量高達45%，在烈火的燒烤下焦而不燃。它的葉片濃密，覆蓋面大，樹下又沒有雜草滋生，因此既能阻止樹冠上部著火蔓延，又能防止地面火焰延伸。

　　美國林業專家發現常春藤等幾種植物也不怕火燒，

甚至可以稱為滅火植物。原來它們接觸火苗後本身並不燃燒，只是表面發焦，因而能阻止火焰蔓延。根據這樣的特性，有人開始設想，如果將常春藤成排地種植在森林的周圍，就能形成防火林帶。

　　落葉松也是不怕火燒的樹種。這是因為落葉松挺拔的樹幹外面包裹著一層幾乎不含樹脂的粗皮。這層厚厚的樹皮很難被燒透，因為大火不會傷害到它裡面的組織，而只能把它的表皮烤糊。即使樹幹被燒傷了，它也能分泌出一種棕色透明的樹脂，將身上的傷口塗滿，隨後凝固，把那些趁火打劫的真菌、病毒及害蟲都隔離了。因此，落葉松就成了森林中令人矚目的「英雄樹」。

　　生長在中國海南的海松也是一種不怕火燒的樹。用它做成的煙斗，即使長年累月的煙薰火燎也不會被燒壞。這是因為海松具有特殊的散熱能力，木質又堅硬，特別耐高溫。

　　南非喬治森林研究站的工作者也發現，蘆薈不怕火燒。一般來說，植物的葉子枯萎後便脫落了，而非洲大

古靈精怪的植物

草原上的一些蘆薈的枯葉卻死而不落。一場火災後，死葉覆蓋主幹的蘆薈中有90%以上經受了煉獄的考驗活了下來。由於蘆薈的死葉有某種不易燃的物質，在死葉的保護下，大火無法達到致蘆薈於死地的高溫，蘆薈就能逃過劫難。

不怕火燒的植物還有很多，可是存在這些植物並不奇怪，因為很多物種在其漫長的進化過程中，都能逐漸形成的一種自身保護能力。

分大小年的果樹

　　果樹各年產量有明顯地不同，會呈現高低起伏波動的現象。根據這一現象，人們把果樹的收成按照多少分成了大小年。大年、小年分別指產量較高和較低的年分。在果樹生產上，大小年是長期普遍存在而迄今未得到徹底解決的一個主要問題，常對果品產量和果園經濟收入帶來很大影響。

　　不同的果樹種類，其大小年的輕重程度有很大差異：柑橘、和等的大小年表現程度較重，核果類、小漿果等則較輕。同一種果樹不同的大小年的表現也各異。即使是同一個果園裡的同一個品種，也往往出現同一年分有些植株是大年而另一些是小年。甚至在同一植株上，一個或幾個主枝是大年，而其他幾個主枝是小年，不同主

古靈精怪的植物

枝的大小年表現有相對的獨立性。

　　成熟期的早晚和果樹的年齡，與大小年程度的輕重有一定關係。一般是晚熟品種比早、中熟品種重；成年和老年樹比幼年樹重。對大多數果樹來說，造成大小年的一個直接原因是大量的結果抑制了花芽形成。

　　過去對這一現象的解釋是果實的生長發育消耗了很多養分，以致不能有足夠的養分供花芽形成之用。但隨著對內源激素認識的深化，已有很多證據說明正在發育的種子產生抑制花芽孕育的激素，主要是赤黴素，也是形成大小年的原因之一。如某些無子蘋果品種可不發生這種抑制作用；蘋果結了果的短果枝，一般當年（大年）不能形成花芽，但用赤黴素的一種對抗物質阿拉處理後，卻能形成花芽。

　　此外，大小年的出現還同果樹生長環境和栽培管理的條件有關。在適宜的環境條件下，大小年的表現較輕，反之則重。花期氣象條件不利，冬季低溫或春季晚霜導致花芽嚴重。幼果生長期的低溫或高溫、乾旱、澇

害、病蟲害等引起大量落果或落葉，都可使一定地區內當年的果樹生產成為小年，從而引發大小年的惡性循環。反之，如某一年分的氣象條件特別有利於花芽形成和次年春季座果，也可形成大小年。

目前最有效的措施是在大年花芽開始孕育之前進行疏花疏果。這一措施既可減少由種子所產生的抑制花芽孕育的物質，又可增大葉、果比例（即一植株上每一個果實所佔有的葉片數目或面積）。由於葉片除能產生果實生長和花芽形成所必需的營養物質外，還產生花芽孕育所必需的某些激素，適當的葉、果比例是形成足夠花芽的重要條件，這個比例因果樹的種類和品種而異。

克服大小年的其他措施包括：選用最適合該地區環境條件和大小年程度輕的果樹種類和品種，改進果園土壤管理，注意整形修剪，預防和病蟲害等。此外，也可用植物生長調節劑來調節花芽的形成和座果。大小年問題的進一步解決，則有賴於對花芽形成和座果機理的更深入的瞭解。

古靈精怪的植物

會發光的樹

　　在第四次冰河期之後，很多生物因遭受的毀滅性打擊而絕跡，而一種稀有樹種卻神奇地存活了下來，它就是生長在中國貴州省三都水族自治縣境內的「月亮樹」。這種樹數量不多，幹粗、枝多、葉茂，多隱匿在瑤人山自然保護區的深山老林裡。之所以叫它「月亮樹」，就是因為每當夜晚來臨時，它便會發光，它的葉片邊緣會發出小半圈螢光，就像上弦月的弧影一樣，所以，當地的水族人民給它取了這樣的名字。

　　世界上奇樹很多，發光樹也並不只有這一種。在非洲也生長著一種會發光的奇樹。又叫做照明樹、魔樹。白天看上去，這種樹與普通的樹沒有什麼區別，可是一到夜晚，從樹幹到樹枝都發出明亮的螢光。這種樹之所

以會發光，是因為樹皮裡含有大量的磷。眾所皆知，當磷與氧接觸時，便會發出亮光。但至於樹中的磷是從哪裡來的，科學家們暫時就無法解釋了。

中國江蘇省內的某個村莊也出現了一棵會發光的柳樹。這棵柳樹常年閃爍著淡藍色的光芒，即使下雨天也從不熄滅。更神奇的是，這棵樹還能治病。據說，曾有一位經常腹痛的老婦人，一天突發奇想，在夜裡取下了樹的一些發光部分，用來煎湯服用。幾天之後，她的腹痛竟然好轉了。原來，這竟然是假蜜環菌發揮的神奇作用。科學家們解釋說，這一棵老柳樹上生長著一種真菌——假蜜環菌，它靠分解和吸收樹木的纖維素和木質素為營養，進行生長繁殖。這種真菌本身就能發出淡藍色的亮光，所以又叫「亮菌」，而其菌絲中含有的亮菌甲素，正是膽囊炎的剋星，那位婦人的腹痛病其實就是膽囊炎。

除了發光樹之外，在美洲中部的巴拿馬還有一種有趣的蠟燭樹。這種樹的果實不僅形狀酷似蠟燭，晚上真

古靈精怪的植物

得能夠被點燃用來照明,所以人們叫它「蠟燭樹」,它的果實為「天然的蠟燭」。科學家們透過化驗分析發現,蠟燭樹的果實裡含有60%的油脂,因此才能被點燃,並發出均勻而柔和的亮光。每當蠟燭樹結果的時候,當地居民就會紛紛前來採摘,因為這種果實點燃起來不會冒黑煙,甚至比普通蠟燭還好用。

神奇的探礦兵

　　很多植物，具有「報礦」功能，人們稱其為「指示植物」。地質隊員有時也會借助它們提供的資訊在普查找礦中大顯身手。

　　「指示植物」生長在土壤深處的真菌能分解礦物，使金屬原子溶於地下水中，而植物根能把水中的金屬原子吸收，然後輸送到莖杆和花葉裡，此種金屬原子對花瓣的顏色和花草樹木高矮會產生影響。

　　因此「指示植物」花瓣的顏色、花草樹木的高矮以及葉子裡含有的金屬原子，能為人們提供報礦資訊。鎳礦石會使花瓣失去色澤；銅礦石會把花瓣染成藍色；錳礦石會使花瓣變成紅色；青蒿在一般的土壤中長得相當高大，但會隨土壤中含硼量的變化而成為「矮老頭」；

古靈精怪的植物

有的樹木患一種「巨樹症」，樹枝伸得比樹幹還長，而葉子卻小得可憐。這種畸形是由於吸收了地下埋藏的石油造成的，因此成了油田的指示植物。忍冬草叢則預示著地下有金和銀；美國地質調查局的科學家透過對冷杉、松樹和雲杉樹葉的分析，收集到約30種不同微量金屬；另外，金銀花、水木賊、苜蓿等植物也能為人們提供報礦資訊。

上千年古蓮種子能發芽

中國科學工作者經過研究發現，上千年的古蓮子居然會發芽。

1952年，在中國境內的遼寧省新金縣西泡子窪地裡，科學工作者從1～2公尺深泥炭層中挖掘出了一些古蓮子。儘管它們的外皮堅硬得像小鐵彈，可是科學家們還是想看看它們是否能夠發出新芽。

他們把古蓮浸泡在水裡達20個月之久，還是發不出芽來。但是，他們並沒有放棄，而是想出了新的方法：在蓮子的外殼鑽上個小孔，或者把兩頭磨掉一、兩公釐，然後再進行培養。結果兩天後，古蓮子長出了嫩綠的幼苗，而且發芽率高達96%。

在科學家細心照料下，1955年夏季，這些古蓮開出

古靈精怪的植物

了漂亮的淡紅色的蓮花。古蓮的葉子、花朵等性狀，都和常見的蓮花相似，只是花蕾稍長，花色稍深。後來，這些古蓮還結出了果實。

經過研究測定，這些古蓮子的壽命約在830～1250歲之間，是世界上壽命最長的種子。

未解身世的疏花水柏枝

在中國長江岸邊江水消漲帶的沙灘上、石縫中，生長著疏花水柏枝的種群。這種生物的身世至今還有許多未解之謎，與它同屬的其他10多種植物都分佈在以喜馬拉雅山為中心的西部地區，而只有它們，選擇了在三峽地區安家落戶。

疏花水柏枝的家園在135公尺水位線以下。春夏時節，江水上漲，疏花水柏枝在水下度過數月的漫長汛期。到了秋冬季節，江水枯竭，它開始狠勁地吮吸著江水沉澱下來的養分，無拘無束地瘋長。它一叢叢一簇簇地順著江水沿線，從狹窄偏僻的地方和角落中探身而出。很短的幾天時間，就長到一公尺左右。然後，它不再長高，而是相互拉扯著，讓所有枝條都齊斬斬地長得一般高，

古靈精怪的植物

緊接著松針狀的葉片就蓬鬆開來，像一條條松鼠的尾巴，肥肥綠綠的在風中搖曳。

　　讓人感到奇怪的是，疏花水柏枝僅見於白帝城至南津關一帶，其他地方很難找尋到它們的蹤影。針對這種奇特的生物，植物學家們初步分析認為，這是在中國青藏高原逐步抬升和長江的形成過程中，疏花水柏枝祖先的種子順江傳播，輾轉數千年才到達三峽地區的。此地區多為暖冬，氣候更適合這種植物的生長，所以才會出現上述的現象。但是這其中的具體原因，目前還不得而知。

竹子會開花

　　竹子是有花植物，自然要開花結果。大概是由於竹子的大多數種類，不像一般有花植物那樣，每年開花結實，因此有人誤認為竹子不開花。

　　其實，竹子開花在中國古書中早有記載。《山海經》中有出現過這樣的文字：「竹六十年一易根，而根必生花，生花必結實，結實必枯死，實落又複生。」

　　《晉書》中也有記載：「晉惠帝元康二年，草、竹皆結子如麥，又二年春巴西群竹生花。」近代，中外有關竹子開花的記載也不少。

　　有趣的是，有時竹子還會出現越山隔省、跨海隔洲地開花。例如：1907年日本的淡竹開花，而遠隔萬里的英國皇家植物園中的淡竹也同時開了花。又如：1933年

古靈精怪的植物

中國浙江嘉興的竹林開花，而安徽六安馬頭鎮的竹林也全部同時開花。

根據竹子的不同種類，開花週期也有不同，這是遺傳基因的影響。有的竹子一年開一次花，如群蕊竹、線痕箣竹；有的十幾年、幾十年才開花，如牡竹、版納甜竹30年左右才開花，茨竹、馬甲竹要32年，箣竹屬有的種類則需要80多年；有的甚至上百年才開花，如桂竹需要120年才開花。當然，也有少數例外，唐竹、孝順竹開花就沒什麼規律性。

大面積竹林開花，會造成很大損失。1984年夏季，中國四川臥龍自然保護區內的箭竹大量開花，隨後大片竹林枯死，造成珍稀動物大熊貓因缺食而死亡。

為什麼竹子開花之後會成片枯死呢？在這個問題上，科學家們一直有異議。有的科學家認為，竹子生長到一定的年齡，必然會出現衰老，為繁衍後代，在生命結束之前開花、結果。他們這樣解釋：植物的根、莖、葉叫做營養器官，它們的生長稱為營養生長；植物的花、

果實、種子叫生殖器官，它們的生長稱為生殖生長。

　　植物的開花習性可分為兩大類：一類是多次開花植物，如蘋果、梨等，另一類是一次開花植物，如稻、麥、竹子等。一次開花植物一生就開一次花，其特點是，生長前期營養生長佔優勢，當營養生長達到一定階段後，生殖生長就漸漸轉向優勢，最後開花結實。因為開花結實要消耗掉大量的有機養料，而這些養料來自根、莖、葉，所以開花結實後，營養器官中貯存的養料大部分被消耗，不能再生活下去，就逐漸枯死了。

　　一次開花植物小麥和水稻是這樣，當然竹子也不例外。竹子開花，使竹鞭和竹竿貯藏的養分被消耗盡，多數種類，如梨竹、毛竹等，開花後地上和地下部分全部枯死。但是，象桂竹、斑竹、雅竹等少數竹種，開花後地上部分死亡，而地下部分的芽仍能復壯更新；也有個別竹種如水竹、花竹等，開花後植株葉片仍保持綠色，地下部分也不枯死。不過，應儘快砍去花枝，以減少營養消耗，才能保持竹林的正常生長。

古靈精怪的植物

　　竹子開花是一種自然的生理現象。在天氣長期乾旱、竹林土壤板結、雜草叢生、老鞭縱橫的竹園中更容易發生。這是因為竹子嚴重缺水，營養不足，光合作用減弱，氮素代謝降低，糖濃度相應增高，造成糖氮比較高，為花芽的形成和開花創造了條件。可見，惡劣的生長環境才造成了竹子開花。因此，人們可以根據竹種的特性，採取適當的管理措施，為竹子創造適宜的生長環境，就可避免竹林出現開花現象。

淨化污水的「能手」

　　植物不僅能綠化環境，還能淨化污水，近年來越來越受到人們的青睞。丹麥曾經利用海萵苣淨化受到污染的淺水灣，美國聖地牙哥市建成了大規模的水生植物活水淨化系統，中國也曾利用放養布袋蓮來淨化太湖水，都取得了很好的效果。

　　那麼，植物為何能淨化污水呢？植物在生長發育過程中，需要不斷地吸收水分溶解在水中的營養物質，這樣污染物質也能被植物吸收到體內。這些被吸收的物質有的被植物利用，有的富集在植物體內，進而減少了水中的污染物質，使污染的水質得到改善和淨化。

　　科學家還發現，如布袋蓮、菱角、蘆葦、水浮蓮、水風信子和蒲草等水生和沼生植物，都能從污水中吸收

古靈精怪的植物

汞、鉛、鎘等重金屬，可用來淨化水中有害金屬。中國
太湖地區就曾放養了3公頃布袋蓮，半年時間內淨化污
水達到了5000萬噸。有關資料顯示，1公頃水浮蓮，每
4天就可從污水中吸收1.125公斤的汞；而1公頃布袋蓮
1天內可從污水中吸收銀1.25公斤；吸收金、鉛、鎳、
鎘、汞等有毒金屬2.175公斤。這樣做可謂一舉兩得，
一方面淨化了污水，另一方面還可以從污水中回收一些
貴重金屬。

　　蘆葦能夠很好地吸收污水中的磷酸鹽、有機氮、氨
和氯化物等。有人曾經做過一個實驗，將蘆葦栽種在含
有上述物質的污水試驗池中，一段時間之後，水體中的
磷酸鹽、有機氮、氨等有害物質都得到了明顯的減少。

　　小球藻是淨化污水中氮、磷等元素的「能手」。這
種藻類植物繁殖速度很快，如果將它放養在含有機質特
別是含氮較多的污水中，又得到適宜的溫度和光照，一
晝夜內，它的個體數會幾倍甚至幾十倍地增加。新繁殖
出來的藻類在生長過程中，又會不斷地吸收污水中的

氮、磷及其他的污染物，進而達到淨化污水的目的。

　　除了吸收污水中的有害物質，有一些植物還能分泌具有殺菌作用的化學物質，使污水中的細菌大大減少。還有一些植物可以分泌特殊的化學物質，並與水中的污染物發生化學反應，將有害物質變為無害物質。比如水蔥、水生薄荷和田薊就有更強的殺菌本領，有人將它們種植在細菌含量極高的污水池裡，2天後水中的大腸桿菌就全部消失了。國外有的城市還會將河水先用氯氣消毒後，再從水蔥叢中流過，這樣水中剩下的大腸桿菌就會被全部消滅，達到自來水的飲用標準。

　　利用植物淨化水污染，既經濟又有效。這樣做避免了複雜的機械勞動，又減少了污水治理耗費的時間和經濟成本。所以，越來越多的國家和地區開始著手開展相關的專案。

古靈精怪的植物

奇臭無比的霸王花

　　有一種花，生命的起點是一個小黑點，生命的終點卻是腐爛的花瓣。這聽起來像詩歌一樣的生命，如此輝煌，卻也夾雜著灰暗與無奈。這就是世界上最大的花之一「霸王花」。

　　霸王花因碩大無朋的花朵而得名，所以又叫「大王花」，主要生長在印尼的蘇門答臘森林，那裡是一片被保護得很好的野生生態系統，霸王花和許多世界聞名的珍貴野生動物植物一起自由地生長在這裡。

　　霸王花的花朵是世界上單朵最大的花，外面有淺紅色的斑點，直徑1.5公尺，每朵花上開五個花瓣。每片花瓣長40公分左右，而且花瓣又厚又大，一朵花就重達9公斤左右。而它的花心像個面盆那樣大，可以盛水5公

升。而且看上去像一個大洞，可以容納一個3歲左右的小孩鑽進去捉迷藏。

霸王花是一種寄生植物，適合生長在海拔高度400公尺至1300公尺的森林丘陵地上，像個小黑點寄生在野生藤蔓上，不仔細看的話，幾乎沒辦法發現它的存在。經過18個月的漫長孕育，黑色的小點就逐漸變成深褐色的花苞。但由於花朵太過龐大，花苞要吸收9個月的營養，才開始開花。單是開花的過程就要耗費幾個小時，再加上花朵綻放所需要的時間太長，花朵的重量又太大，所以許多霸王花還沒來得及開花就夭折了。

雖然霸王花開花很費時，但並不等於它的壽命就一定比其他花朵要長，相反，在短短的3～7天之後，霸王花的花瓣就開始慢慢凋謝，變黑後漸漸腐爛。迄今為止，科學家們還無法解釋它是如何依靠野生藤蔓生存的，更不知道它的種子是如何發芽並生長的。唯一能夠確定的只是它的底部有許多絲狀的纖維物，可以散佈在藤蔓上吸取生長的養分。霸王花沒有葉、根和莖，也沒

古靈精怪的植物

有特定的開花季節，這些與眾不同的特性，讓許多對於它的研究都處在猜測之中。

但有一點是可以確定的，霸王花不是一開始就那麼臭。在它還是幼苗和花蕾時，它基本上是沒有什麼氣味的。甚至在剛開花的時候，還有一點香味。可是很快的，它就變得臭不可聞了。至於為什麼一下子就變得奇臭無比？這始終是個謎。有人說霸王花的臭味是一種糞便和腐肉味的混合，像動物屍體腐爛時的味道，所以它又被稱為「屍花」。

霸王花也有雌雄之分，需要有兩朵不同性別的花朵同時開放，才能傳粉並孕育種子。雖然霸王花的臭味使得連蜜蜂也不願意為它傳粉，但那些喜歡逐臭的蒼蠅和甲蟲卻樂意為其效勞，恐怕這就是大自然最偉大的安排吧。霸王花品種最豐富的時候多達17種，但如今許多都已絕種。因為種植和移栽都比較困難，而且它對環境的要求也比較高，所以世界各地的植物園裡，霸王花都是難得一見的珍惜物種。

　　霸王花還有一個名稱叫做「萊福士花」，是根據它的發現者萊福士命名的。1804年，英國萊福士被派到馬來西亞檳榔嶼，他對植物和動物極有興趣，所以經常研究當地的動植物。後來他當了蘇門答臘的總督。在任職期間，熱衷於收集當地動植物的標本，發現了很多新物種，並為之一一命名。為了紀念萊福士，英國人在威爾斯親王花園的溫室裡，種植了一株霸王花。經過6年的艱苦培育和種植，這株花終於綻放。而它的惡臭為這片植物園帶來了絡繹不絕的參觀者。

古靈精怪的植物

奇怪的黏菌，是動物也是植物

1992年10月26日，日本明仁天皇來華訪問西安市。這位在海洋生物研究方面造詣很深的天皇，在參觀大型黏菌複合體的時候，用手觸摸著這個「怪物」，高興地說：「謝謝你們讓我參觀如此稀有的東西。」據說在2008年的時候，該生物依然活著，而且每年以3％的增長速度生長著，已經長到了39公斤。

這個被明仁天皇稱讚的「黏菌」被放在一個裝有自來水的大玻璃缸中，它到底是什麼稀奇的東西呢？連天皇都嘖嘖稱奇？這樣稀有的物種，又是如何被發現的呢？

故事還得從1992年8月的一天講起。這一天，陝西省周至縣尚村鄉張寨村的農民杜戰盟，在鄰縣永安村邊

的渭河中撈浮柴。忽然，他感覺到自己的左腳踩到了軟軟的東西。

在夥伴們的幫助下，他們把這團有點像「爛肉」的東西拖上岸，拉回了家，秤了一下發現重達23.5公斤。他喜出望外，切了一小塊下來煮著吃，發現味道十分好吃，非常獨特。

但沒想到的是，3天後，剩下的那塊巨大的「肉團」已長成35公斤。杜戰盟一家驚訝不已，趕緊跑到縣城向相關部門報告了這個怪異的事情。

隨後，由市科委組織西北大學、西安醫科大學、西安動物研究所等科研單位，組織了動物、植物、細胞、微生物、真菌、生化、生理等13位各方面的專家，進行充分的鑒定。

專家組從動植物器官、真菌分離、活體培養、蛋白質含量和呼吸燈方面進行了全面的測定，得出的結論是：這是罕見的黏菌複合體，有極高的科學研究價值。

這個放在杜家盛滿水的大鐵鍋中的「肉團」，原來

古靈精怪的植物

如此神奇？經過縝密的測量，人們得知這個黏菌周長110公分，長75公分，寬50公分，通體褐黃色，內部呈白色，有明顯分層，局部呈珊瑚孔狀，摸上去，手感柔軟。

這個看似「怪物」的東西，既有真菌的特點，也有原生動物的特質，是世界上罕見的大型黏菌複合體，也是中國首次發現的珍稀生物。

在國際上，黏菌的研究依然是一片空白，屬於世界動植物學領域的攻關難題。全世界曠世罕有的黏菌僅僅有過兩次記載。一次是在1973年美國阿拉斯加有過類似的發現。另一次，則是在中國遙遠的唐代珍貴的文獻裡有過記載。

由於對黏菌保管不善，美國發現的那個黏菌只活了3個星期就死去了，研究人員為此追悔莫及。而唐代的簡單記載，更不足為科學鑒定所依據。

黏菌是一類介於動物和植物之間的生物體，屬於黏菌門。營養體無葉綠素，無細胞壁，行動與攝食方法與

原生動物相同。但生殖時間產生的孢子具有纖維素壁，這又是植物性的。

　　所以，雖然人們對它的研究現在還不夠深入，但它具有上述兩種物體的特徵，已經是確定無疑的了。也就是說，這種稀有而罕見的黏菌，既是植物也是動物，

PART 2
千奇百怪的動物

A CIRCLE OF MYSTERIOUS LIFE

鳥類王國的蒙娜麗莎

　　鳥也會微笑？沒錯。有一種鳥，呈弧形上彎的喙看起來好像是帶著一個神祕的微笑。這種鳥的活動範圍非常小，並且棲居於偏遠的山區，因此對微笑鳥的觀測記錄一直非常有限。甚至於在1965年至2004年期間，因為不見牠們的蹤影，人們一度認為牠們已經滅絕。

　　可是在消失了約四十年之後，科學家終於在哥倫比亞城鎮奧卡納附近，毗鄰托柯洛馬神殿的自然保護區發現了這種鳥，該保護區占地二約合一百零一公頃。儘管美洲野生鳥類保護協會說：「當越來越多的原始森林被野蠻開發的時候，這種瀕危的奇特微笑鳥提醒我們，要盡最大努力保護所剩無幾的野生動物棲居地。因為也許有很多奇特罕見的物種，在我們發現牠們以前就被人類

千奇百怪的動物

活動趕上了滅絕之路」。可是，這個保護區並沒有受到
過多的破壞，反而成為了野生動物的庇護所。

　　原來，在1709年，本地居民在保護區附近的一棵樹
的樹根上發現了聖母瑪麗亞的圖案，於是在這裡修建了
天主教神殿。幾個世紀以來，因為神殿的關係，這裡受
到了天主教會的保護，附近的森林才倖免於難，罕見的
動物才會出現在這裡。

「四個翅膀」的始祖鳥

　　1.5億年前的始祖鳥是四翼飛翔，兩個後肢也能像翅膀一樣飛行，這是加拿大的一項研究結果。根據加拿大卡爾加里大學博士尼克·隆格瑞徹說：「這項研究是證實早期鳥類具備從樹枝等高處滑翔飛行特徵的強有力證據，這一特徵與飛鼠十分相似。」

　　始祖鳥是類似於烏鴉的動物，既具備鳥類的羽毛和和叉骨，同時牠的長尾骨、爪子和牙齒又兼具爬行動物的特徵，其外表界於鳥類與恐龍之間。隆格瑞徹博士使用解剖顯微鏡對5具始祖鳥後肢羽毛化石進行檢測後，發現這些羽毛具備現代鳥類飛羽的特徵：羽毛具有曲線軸、自平衡交迭和風向不對稱模式，同時構成飛羽的平行羽支要比另一側的更長。

千奇百怪的動物

　　隨後，隆格瑞徹博士使用標準數學模型計算始祖鳥兩個後肢是如何飛行的，他發現後肢的羽毛能使始祖鳥飛行減緩並急速轉向。飛行減緩可以使始祖鳥及時躲避障礙物，安全著陸，而急速轉向可提高始祖鳥捕獲獵物的能力。

　　這項研究與早期鳥類在達到豐羽飛行之前，就學會了從樹上滑翔降落的理論相一致。雖然人們現在還無法確切的知道具體是在什麼時候出現了「四翼鳥類」，但獲得他們一致認同的一點，就是用四翼飛行必然失去後肢的其他功能，例如奔跑，游泳等。

　　始祖鳥是用四個翅膀飛行，卻是很少被關注，隆格瑞徹認為，可能是人們都傾向於自己所期望的觀點，多數人都相信鳥類是不會四翼飛行的，因此，在研究始祖鳥過程中，即使科學家能發現這一特徵，最終卻是擦肩而過。

群鳥自殺

2007年9月，在中國大連老鐵山自然保護區的一個海濱輪渡工地上，莫名多了100多隻死鳥。工人們請來旅順口區農林局的專家們進行勘察，專家們對眼前的景象感到驚訝不已：這些鳥大都是剛死亡不久，身體還是溫暖的，也沒有發現槍彈和傷口。有的鳥兒，甚至還在撲騰著翅膀！

為了弄清楚事情的真相，專家們對這些死鳥進行了品種比對，他們發現這裡的死鳥形體不同，品種不同，但有一點相同的便是都是候鳥，沒有一隻是本地的鳥類。這些鳥為什麼會死在工地上，而且身上沒有傷痕，不會是人為捕殺。如果不是有人捕殺，那會不會是鳥群當中爆發了某種可怕的瘟疫呢？

千奇百怪的動物

　　難題還沒解開，工地上又傳來了壞消息，連著三天，每天都能在工地上發現100多隻死鳥。在多次研究後，旅順區的動物檢疫站得出了結論：這些鳥是一頭撞死的，牠們的顱部有出血跡象，有的鳥顱骨已是全部撞碎，十分慘烈。

　　原來，候鳥撞死的那一片地方有三幢藍色的樓房，在工地晚上燈光的映照下，十分像藍天，候鳥誤以為樓房是藍天，在晚上飛行的候鳥，路過工地時，被工地如白晝的燈光照的暈頭轉向，忽然發現了前方一片「藍天」，於是爭先恐後的飛過去，這也就是慘劇釀成的真正原因。

飛上萬里都不累的黑尾豫

　　鳥類的主要特質是飛行，有一種鳥是飛行的高手，牠們飛行上萬里都不會累，即便不吃不喝也能夠不停歇地連續飛行8天，這種鳥被美國科學家稱為黑尾豫，科學家們在一隻代號為「E7」的雌性黑尾豫身上安裝了遠端追蹤儀器，以監視牠的一舉一動，結果發現牠竟能晝夜不停地從美國加利福尼亞州一路飛到紐西蘭。在這期間，牠沒有進食、沒有喝水，更沒有停下來休息，航程約達10171公里。

　　這次試驗中共有九隻鳥參加，「E7」的表現最為出色，創下了鳥類長時間「不停留飛行」的世界紀錄。

無法原地起飛的大鳥

　　鳥類有大有小，根據最新的研究成果發現，世界上最大的鳥應該是阿根廷巨鳥，重達150磅重（約合70公斤），帶著這樣巨大的身體飛行真可謂是困難重重，所以，對於這種鳥來說，原地起飛就是一件不可能的事情。

　　儘管阿根廷巨鳥擁有強勁的飛行肌肉和寬達21英尺（約合6.4公尺）的翼展，但過重的身體使得牠們無法在地面上造出足夠的升力。為了解決這個問題，這種鳥只能滑翔起飛，來自魯伯克的德克薩斯州科技大學的科學家說：「這就像人類操縱滑翔機的原理一樣，阿根廷巨鳥透過沿著山坡滑跑並借助順風而起飛。」

　　這種600萬年前，生活在如今安第斯山區和阿根廷

境內潘帕斯草原地區的巨大鳥類，雖因為體型過大，而無法原地起飛，但牠們一旦飛上高空，便不再笨拙，絕對是滑翔飛行的好手，類似於專業的滑翔機。

科學家們透過測量阿根廷巨鳥的化石資料，得出了以上的結論，而且他們還發現這種鳥類的飛行過程和飛機起飛的原理是十分類似的。

白蟻天生就會安裝「空調」

　　白蟻的危害十分巨大，被人類視為重點消滅對象。但在危害建築物的同時，白蟻自身也是很好的建築師，它們的蟻穴構造繁複，令人類自愧弗如。在澳洲西部有一種白蟻巢穴更是神奇，不論外面的溫度如何變化，蟻穴內的溫度適中保持在30～32℃。

　　白蟻是如何做到這一點的？許多科學家十分費解。他們仔細研究了白蟻巢穴的構造，發現蟻穴分為上下兩層，底層是白蟻的生活區，有個約3公尺高的泥塔，泥塔斷面呈楔形，總是像羅盤一樣準確地指向北方，因此，科學家又將這種白蟻稱為「羅盤白蟻」。這個泥塔的表面凹凸不平，表面積十分大，所以也能最大限度的吸收陽光的熱量，在早晨和傍晚的時候，將陽光吸收，

而泥塔頂部呈尖錐形，表面積較小，在正午時分，陽光就無法被吸收進來。泥塔內還有一些空氣通道通往白蟻的地下生活區，正因為有了這個奇特的建築，蟻穴才能保持恒溫。「羅盤白蟻」建造這種特殊的泥塔，能讓蟻穴內的白蟻感受到溫度的變化。因為泥塔在陽光下受熱後，塔內的空氣通道中的氣溫也會上升，隨之空氣體積膨脹，產生了氣流——風，會吹過蟻穴的底部。

這時，工蟻就能感受到各處的溫度，透過風來感受溫度的升降，然後阻斷或擴大巢穴內的通道，以調節氣流，很像人類開關窗戶來調節室內溫度一樣，所以這種白蟻巢穴調節溫度的能力被人類比喻為是「空調系統」。

1994年，英國建築師在諾丁漢興建7幢仿白蟻巢穴的辦公樓，每棟大樓都安置有一根高大的圓柱，充當蟻穴中的泥塔，然後透過電腦系統對溫度進行控制。果然這樣的樓房比那些安裝空調系統的樓房好很多，可以通風流暢，人們患空調綜合症的機率也小了很多。

螞蟻地下城

　　螞蟻的巢穴形式多樣，大多數螞蟻選擇在土中建築巢穴，牠們挖出隧道，並將挖掘出的物體和落葉堆積到入口附近，達到保護和隱蔽的作用。

　　當然，這並不是螞蟻唯一的建巢方式，還有的螞蟻選擇用植物葉片、莖稈、葉柄等築成巢掛在樹上或岩石間，也有的將巢穴建於林區的乾枯樹幹中。更為奇特的是，有的螞蟻將自己的巢築在別的種類蟻巢中間或旁邊，並且保證兩「家」和睦相處，不發生糾紛。這樣的蟻巢叫做混合性蟻巢，也叫做異種共棲。

　　螞蟻巢穴還有一個副巢，構造像蜂窩狀，而且比較鬆散，蟻王、蟻后居住的皇宮在主巢裡面，皇宮的頂部是拱形或拋物線形，底部是水準的，形狀好像一些大的

飛機庫房，比其他房間大十多倍以上，又被人們稱為「平臺」。

每一個蟻巢都有空氣孔，用來調節巢內的溫度，並使巢內空氣產生對流更換新鮮空氣。

分飛孔是蟻繁殖蟻飛出來的地方，一般都在蟻巢的上方較高的位置，或透過一條粗大的蟻路到較高的地方修築分飛孔。分飛孔比空氣孔大些，裡面有一定的空間，是繁殖蟻停留準備飛翔的地方，也叫「候飛室」。一般在分飛季節白蟻才將分飛孔擴大，平時或冬天會將其堵上或縮小。分飛孔和空氣孔都有較多兵蟻守衛，防止敵人的侵入。

不同的蟻類或同種的蟻，牠們所建造的巢穴內螞蟻的數目有著很大的差別，有的可能就是幾十隻，有的會是幾百隻，也有的會是成千上萬，甚至更多。

螞蟻最長打交道的植物是樹，牠們喜歡用叼來的腐質物以及從樹上啃下來的老樹皮，再攪雜上從嘴裡吐出來的黏性汁液，在樹上築成足球大的巢。巢內分成許多

層次，分別住著雄蟻、蟻后和工蟻，並在巢中生兒育女，成為一個「獨立王國」。

　　在螞蟻群體還沒有發展過大的時候，是一樹一巢；但當群體過大，新的蟻后出生了，牠們便要開始建造新的住所，這時還可能會因為爭奪領域，相互間展開惡戰。但一般來說，螞蟻總是齊心協力很團結的。例如捕捉食物，螞蟻常捕捉樹上的小蟲為食物，如果兩樹相距較近，牠們為了免去長途的辛勞，便會巧妙的互相咬住後足，垂吊下來，借風飄蕩，搖到另一棵樹上去，搭成一條「蟻索橋」。為了較長時間地連接兩樹之間的通途，承擔搭橋任務的工蟻還能不斷替換。樹上的食物捕盡，又結隊順樹而下，長途奔襲，捕捉地面上的小動物。當獵物被捕獲後，牠們會齊心協力將獵物拖回巢穴，即便是一隻超過牠們體重百倍的螳螂或蚯蚓，也能被牠們輕而易舉地拖回巢中。

奇異的雙頭蛇神

中國山西省稷山縣翟店鎮西小寧村，一位名叫張培武的村民在前往果園施肥的時候，意外發現了一條蛇。仔細觀察下，他發現這是一條雙頭蛇，雙頭蛇是村裡流傳的「蛇神」，屬於稀世珍寶，本來張培武不相信，但這次親眼所見，就不得不信了。

這條蛇長約尺許，粗如食指，渾體金黃已凍僵成一根「冰棍」了。出於好奇，張培武決定要養起這條怪物。將「蛇神」帶回家後，為了防止蛇傷人，張培武將牠放進一個敞口大玻璃瓶中，將熟雞蛋、餃子、雞腿等好吃的丟到了玻璃瓶裡，但蛇神竟無動於衷，只是偶爾喝點水。

有一次靈光一閃，張培武捕捉了幾隻老鼠，餵給

「蛇神」，沒想到雙頭蛇果然愛吃。就這樣過了四個月，雙頭蛇在他們夫妻二人的細心呵護下，長的活潑可愛，雙頭蛇十分聽張培武的話，只要張培武一示意，雙頭蛇就知道要做什麼。而且這雙頭蛇還是個天氣預報員：如果第二天天氣好，那蛇便顯得很溫順；如果第二天是個風雨天，那蛇便躁動地昂起雙頭繞圈圈。從其躁動的急緩，便會判斷出來日的風雨大小了。

雙頭蛇和連體人同理，屬於「一卵雙胎」。雖然道理簡單，但雙頭蛇因為是野生，難以見到，所以，還是屬於難得一見的動物。

現今最小的蛇

　　一種屬於細盲蛇科（thread snakes）、名叫「Leptotyphlops carlae」的蛇，被科學家認定為世界上最小的蛇。這種蛇是在加勒比海的巴巴多斯海島上發現的，平均長度只有10公分，粗細則只相當於一根義大利麵條。

　　發現這種蛇的美國賓夕法尼亞州州立大學生物學教授布雷爾‧赫吉斯稱，這種蛇是他偶然於巴巴多斯島上發現的，主要分佈於美洲熱帶、亞熱帶地區和非洲，少數種類見於美國西南部、阿拉伯、印度和巴基斯坦。赫吉斯常年致力於尋找海島上未知的爬行動物，並取得了輝煌的成就，他還於1993年及2001年先後發現了世界上最小的壁虎和最小的青蛙。

千奇百怪的動物

　　細盲蛇科體型比盲蛇纖細，而且構造也與其他盲蛇
不太一樣，細盲蛇科牙齒長在下頜而非上頜，用於捕捉
幼蟲及吞食獵物。但這種蛇通常無毒性，眼睛也沒有視
覺功能。赫吉斯發現，這種蛇盤起直徑只有2.4公分，
相當於一枚25美分的硬幣。體內只能夠孕育一個蛇卵，
由此也可以推斷出世界上不可能再找到比這更小的蛇，
因為體型再細小一些，從生物學的角度上來說，就不可
能產卵繁殖的。

長著腿的原古蛇

　　有句成語叫做「畫蛇添足」，意思是多此一舉，因為蛇本來是沒有腳的。顯然，一直以來，人們都認為蛇是沒有腳的，一直到2003年5月，古生物學家們透過一個令人信服的證據，才向世人宣佈，蛇在遠古的時候是有腿的。

　　這個令人信服的證據是在以色列發現的一個化石標本，這個標本是在一個石灰岩採石場發現的。最初人們以為這是一個蜥蜴化石，但埃德蒙頓的埃博塔大學工作的考德威爾博士和在澳洲悉尼大學工作的李博士，一起在耶路撒冷的希伯來大學檢驗了兩具長著後肢的蛇的化石標本，經再三鑒定，古生物學家們確認出，它們是最原始的蛇，原始得甚至還長著短小但發育良好的後肢，

千奇百怪的動物

雖然每只後肢只有1英寸多一點長。

這項發現很快在《自然》雜誌上做了報導，成為追溯蛇的起源和進化的重要線索，這個化石是一隻3英尺的細長形的蛇，大約生活在9500萬年前的淺海中，人們稱為隆脊疑蛇。這兩位古生物學家在研究報告中得出，隆脊疑蛇的頭骨小而窄，結構很輕巧，具備許多只有蛇才具備的特徵，腦室完全被骨組織包裹著。其他骨骼和兩顎的聯繫都很鬆散，使這種蛇可以靠靈活張開的嘴吞食青蛙和齧齒動物等獵物，就連脊骨的數量和特徵也顯示著蛇的印記。

隆脊疑蛇的發現為科學家們研究早期的蛇，建立起了一個更為清晰的關係。一直以來，關於蛇是否有四肢的問題，一直都是令科學家們困惑不已的一個問題。古人也對此進行過思考，據《聖經》中的「創世紀」記載，伊甸園中那條蛇誘騙夏娃品嘗了智慧樹的果實，於是上帝詛咒它將用自己的腹部行走，而且「終生只以土為食」。由此看來，古人認為蛇在最初是有腿的。

神祕海妖海蛇

　　生物界浩瀚無邊，人們沒有探尋到的生物實在還有太多，在生物學領域，自從生物學家林奈1758年發明了生物分類的雙名命名法以來，用拉丁語登錄的全世界的動植物名字已有150萬種了。幾乎所有的動植物都包括在門、綱、目、科、屬、種的6個等級裡。

　　但在自然界中，還是有許多生物沒有被人們知道，就好像大海中的怪獸，很早以來，人們就傳說大海裡有神祕的怪獸：有的說是像蛇一樣的巨大海獸，有的說像個大爬蟲，還有的說是有點像人的恐龍魚。

　　關於海獸的傳聞難辨真假。早在西元前4世紀，古希臘哲學家亞里士多德就在自己的著作中寫道：「沿著海岸航行的海員們說，他們看見了許多牛的骨頭，牠們

千奇百怪的動物

是被海蛇吃掉的。因為他們的船繼續航行，遭到了海蛇的攻擊。」後世還有許多著作中都記錄著類似這樣的情節。

在北大西洋、非洲南部海域、巴西海面、加勒比海、日本近海、中國南部的北部灣、印尼海域、俄羅斯海域和紐西蘭附近的南太平洋裡，來往的漁船和客船都曾有過類似的發現過怪獸的記錄。而且怪獸的形狀不外乎兩種，有的說像個大海蛇，有的說像蛇頸龍，但不論描述的如何生動，畢竟沒有一隻活的怪獸被世人看到。

1734年，在挪威到格陵蘭的一艘船上，一個叫漢斯·艾凱德的船員稱自己見過一隻海獸，他描述的這個海獸模樣就像海蛇一般，後來他還畫了一幅圖出來，在當時極為轟動，還為這個海獸取了個名字，叫「Sea－Serpent」，這也是最早關於怪獸存在的一個證據。

從這之後，海獸被人們遇見的事情就越來越多了，許多海航日誌上都有關於海獸的記錄。1904年，德國軍艦「德西」號停靠在阿龍灣的時候，船上有人看到了

海獸，根據日誌描述：「我們看到了怪獸，身長約30公尺，皮膚呈黑色，身上長滿了疙瘩，頭像巨大的海龍的頭，不久就消失了。除了我以外，很多軍官和水兵都看到了。」

1905年，兩個英國動物學家協會的成員，梅河德·瓦爾多和米切爾·尼柯爾在巴西海岸親眼目睹了海蛇。他們寫道：「我看到了一個很大的鰭，或者是（動物的）脊背鑽出了水面。牠是深褐色的，身上有皺皮。大約有1.8公尺，露出水面半公尺左右，我能看到水下的褶皺身體。接著一個大腦袋和脖子伸出了水面，脖子有人身體那麼粗，腦袋呈龜狀，有眼睛。牠以一種獨特的方式從一方向另一方移動。牠的頭和頸是深棕色的……在14個小時內，除我們兩位動物學家外，船上的其他人也都看到了那個『海蛇』。牠雖然靜靜地游著，但比船的速度快（當時那艘船速約為8.5節），那麼牠的游水的速度至少大於每小時16公里以上。」

這些記錄已經多達了上千份，人們相信海洋裡有著

千奇百怪的動物

神奇生物的存在的，因為海洋是生命的搖籃，世界上現存的動物可以分為26門，而所有主要門類的動物，在海洋裡都可以找到。所以，海洋裡有海獸也是可以想像的，還有那些幾百年來關於海獸的記錄，也不會都是妄談的。

更何況，根據科學家的研究，的確有些地方是能夠給海獸提供適宜的生存環境的。例如紐西蘭以東的南太平洋海域，水溫10度左右，海中氧的含量比太平洋其他地區高5倍，浮游生物非常豐富，就是一個理想的生存環境。

對於海獸的研究還在繼續，而現在也還不斷有人宣稱自己看到了海獸，或許有朝一日，我們真的能見到海獸的真面目吧。

拒絕長大的美西螈

　　美西螈是一種兩棲動物，也指虎紋鈍口螈中任何一種仍具外鰓但已充分發育的幼體（從出生到性成熟產卵為止，均為幼體的形態），也稱六角恐龍或墨西哥行走魚或墨西哥水怪。它的學名Ambystoma mexicanum或Siredon mexicanum。

　　這種動物可斷體再生，平均壽命大概在10～15年，因為永遠保留著幼體階段的特徵而著稱。這種產於墨西哥附近湖泊裡的動物，一直以來都是當地人獵取的食物之一。美西螈體長大概25公分(10吋)，深棕色帶黑色斑點。白化體、白色突變體以及其他顏色的突變體均常見。肢和足甚小，但尾頗長，背鰭由頭背向後延伸於尾端，腹鰭從兩個後肢中間延伸到尾末端。

千奇百怪的動物

　　牠們的幼體一生生活在水裡，多變的體色是牠們的特徵。據現有的統計，全世界有超過30種種類，常見的有普通體色、白化種（黑眼）、白化種（白眼）、金黃體色（白眼）和全黑個體。

　　這種動物有能力再生身體上的大部分肢體，此外牠們也因「嗚帕魯帕」的奇特叫聲而聲名大噪，屬於人氣很高的兩棲動物，又被人們稱為是「世界上最可愛的動物」。但因為環境污染，牠們正在面臨著滅絕的危險。

　　為了挽救這種珍稀動物，科學家對牠進行了飼養試驗。實驗證明，不論是哪種體色的美西螈，在幼體未發育成熟前，在其食物中添加相應激素，可誘導其幼體發育成類似蠑螈的個體，生理結構、功能及其器官均發生類似改變。例如：外鰓退化消失，體內發育可呼吸的肺，趾端形態趨近蠑螈，並可由水生轉為兩棲，可爬行，但四肢不協調。這項實驗在一定程度上驗證了爬行動物進化的過程，在生物進化、動物學科方面有重要的意義。

「透明」的蝴蝶

　　蝴蝶是一種美麗的昆蟲，斑斕的翅膀令牠們深受人們的喜愛，常被做成標本放置於屋內做裝飾，但有一種蝴蝶的翅膀卻如薄紗般透明。這種蝴蝶雖不常見，但根據臺北市立師範學院自然科學教育學系教授陳建志表示，那些蝴蝶卻是真實存在的。陳建志教授親眼見到過，在美國的蝴蝶園中，他透過比對翅膀上的花紋，證實這種蝴蝶的學名為Greta oto，中文名為「透翅蝶」，屬於蛺蝶科Nymphalidae，蜓斑蝶亞科Ithomiinae。

　　但翅膀為透明色的蝴蝶不止「透翅蝶」一種，在同科之中，還有幾個種類的蝴蝶，同樣擁有著透明的翅膀。這些蝴蝶主要分佈在中、南美洲的巴拿馬到墨西哥之間，翅膀薄如蟬翼，既沒有色彩，也沒有鱗片，就好

千奇百怪的動物

像上帝在製造牠時，忘記給牠添加一筆似的。但同時，這個特點也成為了「透翅蝶」的優勢，令牠能瞬間消失於森林裡，不易被察覺。

不過透明的蝴蝶雖然不多見，卻不算是稀有物種，因為牠們在生長地的數量也不在少數。

美麗的蝴蝶泉

　　三百多年前，中國一位有名的地質學家徐霞客曾在
遊記中寫「蛺蝶泉之異，余聞之已久」，以此來表示他
對蝴蝶泉的嚮往。徐霞客筆下的蝴蝶泉，景色優美，泉
水清澈。概括起來有「三絕」：泉、蝶、樹。

　　「泉」之所說絕是因為蝴蝶泉的泉水是從岩縫沙層
中浸透出來的，水質特別清冽，一出地表便?聚成潭，
沒有任何污染。近年來，公園管理者把蝴蝶泉的泉水積
蓄於三個水潭中，供遊人觀賞，每個水潭大約十畝。另
一絕是「蝶」。蝴蝶泉內，蝴蝶種類繁多，特別是到了
每年陽春三月到五月間，各類蝴蝶在這裡翩翩起舞。

　　徐霞客曾記錄過「還有真蝶萬千，連須鉤足，自樹
巔倒懸而下及於泉面，繽紛絡繹，五色煥然。」

千奇百怪的動物

　　鑒於蝴蝶在蝴蝶泉邊的盛況，白族人還選定一日為蝴蝶會。每逢4月15日，白族人們就會和這些蝴蝶一起狂歡，當日著名詩人郭沫若在蝴蝶泉邊遊玩時，也寫下了「蝴蝶泉頭蝴蝶樹，蝴蝶飛來萬千數，首尾聯接數公尺，自樹下垂疑花序」的詩句。一個說蝴蝶「連須鉤足」，一個說蝴蝶「首尾聯接」，徐霞客和郭沫若都因為錯過了觀賞蝴蝶成串掛於泉邊樹下的景象而遺憾，可見這種景象是如何的使人震撼。

　　最後一絕是「樹」。在蝴蝶泉公園內，有「蝶泉之美在於綠，請君愛護花和木」的環境標語牌，這句話的意思是說蝴蝶泉的美得益於周邊的樹木，在蝴蝶泉周圍栽種的鳳尾竹、聖誕樹以及泉後滿山遍野的松林、柏林、棕櫚林、茶林、杜鵑林、毛竹林，使得蝴蝶泉更增添了幾分亮麗。尤其是蝴蝶泉邊的一株夜合歡樹，每當4月初開花時節，白天花瓣開放就好像一隻隻美麗的蝴蝶，而夜晚花瓣合攏後又散發陣陣清香，這也算是蝴蝶泉的一大奇觀。

美女蜘蛛

　　西夏王陵三號陵園內的神牆牆體1.8公尺高處，有一個直徑約4公分的小洞。洞口約10公分處布有一張巴掌大小的蜘蛛網。

　　這種蜘蛛頭部呈深黑色、有絲絨，很像人的頭髮；嘴部有兩條觸角，好像一把鉗子；腹部為淺黑色；左右4條腿均為淡灰色，均勻地分佈著小白點；背部為橙黃色，並有4個小黑點點綴，形狀十分漂亮；尾部還有白點黑底的條紋，就好像女孩子的裙帶一樣：基於這些特點，人們將這種蜘蛛命名為了「美女蜘蛛」，也叫做「人面蜘蛛」。當時，陵區的工作人員正在野外作業，偶然看到了這種蜘蛛，牠們悠然自得的生活在陵區裡，儼然以西夏王陵的「主人」自居。

神祕巨型大貓

　　露營者安德魯‧伯斯頓在澳洲維多利亞州西部的叢林中拍攝到了一隻野生動物，類似於貓，但卻比一般的貓大很多。由於拍攝的距離較遠，無法看清這隻動物的樣子，卻記錄下了牠當時和一隻袋鼠較量的畫面。根據拍攝者自己的判斷，這隻動物應該就是澳洲傳聞中已經滅絕的「大貓」──塔斯馬尼亞虎。塔斯馬尼亞虎是一種食肉動物，因為這種動物過於頻繁的攻擊當地人的羊群，干擾了人們的生活，便惹來了獵人們的瘋狂捕殺，人們一直以為這種動物已經滅絕了。不過，安德魯‧伯斯頓的畫面向人們證實了這種「大貓」存在的可能性，看來當時，牠們並未完全滅絕，只是在數量銳減之後，躲到了森林的某個角落裡，依然進行著繁衍生息。

像野牛的巨鼠

　　「想像一下，一隻怪異的天竺鼠，非常龐大，牠的後腿靠一隻長尾來支撐和不斷地生長的牙齒。」德國某大學教授維納格拉（Marcelo Marcelo R。Sanchez-Villagra）在《科學》雜誌中如此描述了一種老鼠。

　　老鼠真的能長到如此巨大嗎？聽起來不可思議，但卻真有其事，在南美洲的科學家們就發現了體重1.545磅的巨鼠化石。這塊化石在委內瑞拉的一個半荒漠地區被找到，經過研究推斷得出結論，這種巨大老鼠的生活時代大概是600萬到800萬年以前。

　　那個時候到處是茂盛的草木，是大型食草動物的天堂。這種巨大的老鼠就是那個時代的產物。維納格拉教授還說，巨鼠是吃草的，身上有軟毛，一個光滑的頭，

千奇百怪的動物

小小耳朵和眼睛，有著強有力的尾巴來作為牠身體的支撐。生物鏈是環環相扣的，有食草動物，自然也少不了食肉動物，在當地也發現了巨大的鱷魚化石，尺寸同樣巨大，長度超過了十公尺，牠們捕食的獵物就是類似於巨鼠這樣的食草動物。那個時候，南美洲和北美洲還沒有連接，所以，這些生活在南美洲上的動物可以不受其他大陸干擾，獨立的發展進化。但在大約300萬年前，地殼的不斷運動改變了這種平靜的進化，巴拿馬地峽露出水面，其他大陸的動物通過巴拿馬地峽進入南美洲，巨鼠可能因抵不過其他的物種而滅亡，「優勝劣汰，適者生存」一向是自然界的競爭規律。

　　另一位英國裡茲大學的教授表示，巨鼠滅亡的原因還有另一方面，就是巨大的體型，使得牠們無法逃脫追捕者的追逐，找不到合適的洞穴和隱蔽藏所，因為這種巨鼠現在經由化石來看更像一隻羊，而不是一隻老鼠。正如維納格拉說的那樣，「從遠處看，牠更像一隻美洲野牛，而不像牠的近親天竺鼠。」

「魔鬼蹄印」

　　1855年2月9日晚，英國的迪文郡下了一場大雪，到處都是冰天雪地。第二天清晨，人們在茫茫的白雪地上發現了一串神祕的蹄印，大概長4英寸，寬2.75英寸，每個蹄印之間相距8英寸，且蹄印的形狀完全一致。這些蹄印從托尼斯教區花園開始出現，走過平原，走過田野，翻過屋頂，越過草堆，跨過圍牆，一直往前，似乎什麼高牆深溝都阻止不了牠。在一個村子裡，有一條6英寸粗的水渠管，蹄印好像是從管子一頭進去，從另一頭出來。完全不受障礙物的阻隔，在橫貫全郡的這100多英里，這些蹄印整齊有序的排列著，最後消失在利都漢的田間。

　　凡是看過的人都說，絕不會是鹿、牛等四足動物的

千奇百怪的動物

蹄印，似乎是一隻用兩腿直立行走的分趾有蹄動物所留下來的。但哪會有這樣奇怪的動物呢？當時的人們為了探索蹄印的真相，還帶著獵狗去找，但當走到一處樹林的時候，無論獵狗的主人如何驅使，那些獵狗就是不肯向前邁進，只是對著樹林吼叫。人們擔心裡面藏著什麼猛獸，便帶著武器進去搜索，卻是一無所獲。

後來一位博物學家認為那些蹄印和袋鼠的蹄印有些相似。可是這也解釋不通，因為英國並不產袋鼠，於是有人懷疑是有人飼養的袋鼠跑了出來，但當時並沒有報失寵物走丟，而且袋鼠也無法走出如此整齊的蹄印。

於是當地的神父開始認為，這是魔鬼留下的分趾蹄印，因為只有魔鬼才是有蹄子而又用兩腿直立行走的。科學家當然不相信什麼魔鬼，但到底是什麼蹄印呢？這至今還是一個不解之謎。

歐哥波哥怪物

　　一提到水怪，人們最先想到的會是尼斯湖水怪，雖然後來有人承認尼斯湖水怪是人為製造出來的，但絲毫沒有削減人們前去尼斯湖尋找水怪的興趣。其實比起蘇格蘭和斯堪的納維亞的眾多湖泊，加拿大的湖泊更有研究意義。許多人都說自己曾在加拿大的內陸水域中見過水怪，他們常常提到一種自奧卡納貢湖、叫做歐哥波哥怪物。

　　加拿大人有一個關於歐哥波哥怪物的久遠傳說，據說在一個名為奧卡納貢的湖旁，一個叫老肯海克的人被謀殺，為了紀念他，人們便用他的名字命名這個湖。為了懲罰兇手，上帝將兇手變成了一條巨大的水蛇，並且判決他永遠以這種模樣留在犯罪現場。後來這條水蛇就

千奇百怪的動物

一直生活在響尾蛇島附近的「暴風角」海面的深水岩洞，也就是歐哥波哥怪物。當地人為了安撫牠，常向水裡投入小動物作為牠的食物。

雖然只是傳說，卻已遍及了加拿大和北美洲。類似這樣大型水怪的傳說還有很多，在紐約州北部的艾麗奎人就有自己的水獸故事，還有印第安那州的波塔瓦托米人也有類似的傳說，他們將水獸視為神明，不允許任何人打擾水獸的安寧。

再往西部走，肖尼人也有一個關於水獸的傳說。據說在很久很久以前，他們一個偉大的巫師和一個半魚樣的怪物進行過決鬥。一個年輕的女子參與了此事，並且在使英雄打敗怪物的過程有著決定性作用。這個故事類似於童話中，王子戰勝野獸，進而救出公主的故事，但不管怎麼說，水獸的傳說經久不衰，人們相信，在水下有著某種不可知的生靈在游動，隨時可能冒出水面。

太平洋海怪

　　1977年4月25日，日本大洋漁業公司的一艘遠洋拖網船「瑞彈丸」號，在紐西蘭克拉斯特徹奇市以東50多公里的海面上捕魚，船員們從海底300公尺處的地方拉上來一個龐然大物，並且散發著陣陣的腐臭味道。

　　由於怪物被捕魚網罩著，船員們看不清楚牠的真面貌。於是，他們把繩索拴在怪獸屍體的中部，用起重機把牠吊了起來。隨著起重機的升起，網著怪物的網子裡掉下了一堆脂肪和肌肉，拉著長長的黏絲掉在甲板上，令人作嘔。

　　細看之下，才發現這個龐然大物有長長的脖子，小小的腦袋，長著4個很大的鰭和很大很大的肚子，但腹部已經空了，五臟六腑都沒了。船員們後來測量出，這

千奇百怪的動物

個怪獸身長大約10公尺，頸長1.5公尺，尾部長2公尺，重量約2噸，死了大概有一個多月。

在事後的研究分析中，確認牠其實已經死了一年左右。這個怪獸看起來既不是魚類，也不像是海龜，在海上捕魚多年的船員誰也沒看過牠。大家發出了驚奇的議論：「這和尼斯湖裡的蛇頸龍不是一樣嗎？」「是尼斯湖的怪獸──尼西吧？」

這時聽到動靜的船長出來，看到眾人圍著一具腐爛的屍體議論紛紛，十分生氣，便下令將怪獸丟進海裡。當時在船上的日本人矢野道彥先生，覺得此事非同尋常，便在怪獸被拋下大海之前，拍攝了幾張照片並做了相關記錄。

後來，這幾張照片引起了轟動，動物學家和古生物學家尤其激動，他們分析後認為：「這不像是魚類，一定是非常珍貴的動物。」「非常驚人呀！這是不次於發現矛尾魚那樣的世紀性的大發現。」「本世紀最大的發現──活著的蛇頸龍……」

　　船長把屍體又扔回海裡的做法也讓他們深感遺憾，並發表了強烈的譴責，尤其是日本的一些生物學家。儘管後來很多國家都曾派船前去打撈怪獸的屍體，但茫茫大海中，始終一無所獲，所幸還有些證據留下，為他們研究這種動物提供了便利：一是怪獸的4張彩色照片，二是四、五十根怪獸的鰭鬚（鰭端部像纖維一樣的鬚條），三就是矢野道彥先生在現場畫的怪獸骨骼草圖。

　　從照片上看，這個怪獸為白色，有一個碩大的脊椎，海洋裡只有鯨魚、巨鯊、大烏賊可以與牠的個頭相比。這個怪獸的頭部十分小，和現在生存的所有鯨魚都不一樣，並且頸部過長，那4個對稱的大鰭更是現在海洋動物沒有的。

　　能直接研究怪獸的證據便是牠的鰭鬚，長23.8公分，粗0.2公分，呈公尺黃色的透明膠狀，尖端分成更細的3股，很像人參的根鬚。還有那份手工的骨骼圖，圖紙上方有著矢野先生當時的記錄：「10時40分吊起，尼西（即尼斯湖裡的怪獸）拍了照片。」

千奇百怪的動物

　　據矢野先生的記載，可以知道怪獸骨骼長10公尺，頭和頸部長約2公尺，其中頭部45公分，頸的骨骼粗20公分，尾部長2公尺，根部粗12公分，尾端部粗3公分，身體部分長約6.05公尺。

　　因為無法找到怪獸的屍體，缺少根本性的依據，便無法確定怪獸究竟屬於哪一種動物，所以科學家們至今對此還是爭論不休，眾說紛壇。自1977年報導了這一事件後，對於怪獸的爭論就沒有停歇過，大概經歷了「蛇頭龍說～鯊魚說～爬蟲類動物說～不認識的動物說」這樣幾個過程。

水底出現古獸

在玻西葛木克湖中發現了不明巨獸之前，巨妖「歐哥波哥」一直藏匿在卑詩省的奧卡納甘湖中的故事，在加拿大早已家喻戶曉。現在玻西葛木克湖的巨獸，又引起了人們的關注。人們對於巨獸的追尋孜孜不倦，關於水底巨獸的記載可以追溯到200年前的19世紀，太平洋上就曾打撈到觸手達21公尺的烏賊。

而玻西葛木克湖中的巨獸，是加拿大魁北克的漁業公司自己發現的。「玻西葛木克」在印第安人的話語中就是「怪獸」的意思。印第安人始終相信，一種巨魚優游在湖中。而當某天災禍降臨後，便再也見不到牠的蹤跡。科學家並不相信這些，英國布裡斯托大學古生物學家班頓長期鑽研水底史前巨獸，他認為由於某種原因，

千奇百怪的動物

少數遠古生物存活下來，就像今天與我們共生的許多活化石生物一樣，這些水底的巨獸也是如此。班頓說在1.5億年前的侏羅紀時代，橫行海上的主要是三種重量級巨獸。第一種是魚龍，牠們泳技高超，以各種魚類為食；第二種是滄龍，牠們長達12公尺，有特殊的顎骨，可與任何動物搏鬥；第三種是龐大的蛇頸龍，牠們游速緩慢，但感覺靈敏。這些巨獸很有可能在時代的變遷中存活了下來，並藏在了某個不為人知的地方，或許就是隱藏在水底的深處。班頓提到的這個觀點在英國南海岸的來姆利吉峭壁上得到過印證。1810年的某天，一個12歲的女孩瑪莉安寧在海邊尋找可變賣的貝殼化石，貼補家用。在這期間，她偶然發現了世界上首座完整的魚龍骸骨！瑪麗一夜成名，並成為化石研究創始人之一。

　　而在美國的內華達州有一個著名的魚龍公園，公園內現存的最大的魚龍長達17公尺。珍妮・佛雷格勒是園內的古生物學家，她說：「2億年前這裡是一片汪洋，海域中到處都是魚龍。如今這座峽谷有全球最豐富的魚

龍資料，山壁上到處是化石。」

　　這些魚龍就是魚形蜥蜴，嘴部圓長，牙尖，雙眼碩大，身形很適合在水裡高速行進，很像今日的海豚，牠們在世界幾大洋徜徉了1.5億年。英國古生物學家班頓說：「牠們是流線型的游泳健將。」

　　這些魚龍也就是班頓所研究的史前巨獸之一，但這些魚龍後來為什麼會滅絕，直到今天依然是個謎。或許真如印第安人的傳說一樣，當巨魚悠游於西邊的拉荷登湖的時候，某天災禍降臨，風雲突變，山崩地裂。自此之後，再也見不到巨魚的蹤跡。又或許這些魚龍並沒有完全消失，而是經過長期的變異後，隱藏在了深水中，人們在加拿大見到的巨獸，或許就是牠們的後代。對於魚龍古獸的研究，世界各地的科學家都在進行。

　　美國古生物學家崔波從100多年前的歷史博物館的地下室中搶救出大批滄龍骸骨，成功地拼組滄龍整體骨架。這是一部世界上最大的滄龍骨骸，長達14公尺。崔波說：「從鼻尖到顎底有1.9公尺，我塞牠們的牙縫都

千奇百怪的動物

不夠。」

　　南達科塔麥斯學院的貝爾是滄龍研究權威：「滄龍的尾部是推進器官，如同鰻魚游動般左右搖曳，這大大提高了牠的動能，使滄龍成為最厲害的伏擊手。牠的四肢控制方向，前肢控制左右上下，後肢則平衡軀幹，與飛機的功能類似。下頜就能前後伸展，上顎的鋸齒狀牙齒是用來撕肉的內彎型，上下顎交互運動，把食物納入咽喉，這就是滄龍進食的模式。」

　　這些已有的古獸研究，加上人們宣稱自己看到的巨獸，不免會讓人們聯想到史前巨獸，但到底現在是否存在巨獸，還是人們的杜撰，目前不能確定。像尼斯湖水怪，後來就證明是人為製造的。

　　真與偽總是顯得特別撲朔迷離。1923年12月某個嚴寒的清晨，25歲的英國女子瑪莉也有驚人的發現，她在峭壁上發現了完整的蛇頸龍骨骸，因此聲名大噪。泰洛說：「我認為她的成就超過了兒時的發現，這是科學界首度發現的蛇頸龍化石，當時轟動了倫敦。」

但當蛇頸龍的繪圖被送到當時人才薈萃的巴黎時，法國專家卻稱是偽造的。人們認為這是一次人為的欺騙。最後證實：瑪麗是對的，她發現了真實的古爬行生物化石，證實了古爬行生物的存在。瑪麗發現的蛇頸龍是奇妙的長頸水棲爬行類動物，南達科塔麥斯學院的首席古生物學家馬西相信：「蛇頸龍前肢如船槳形很窄很長，前肢適於水中滑行。就像企鵝一樣，牠們的速度比企鵝慢得多，就像是深藏不露的伏擊手，而不像是敏捷的掠食者。」

蛇頸龍還有一個特別之處，便是牠要吞食大量的石頭，要用石頭當作配重，使得自己游動的時候保持身體筆直，另一個作用就是助於磨碎食物。馬西說，蛇頸龍很適合原始的海洋環境。那麼，在加拿大發現的巨獸，會是這種蛇頸龍的後代嗎，還是魚龍的後代?這些駭人聽聞的生物，真的能繁衍了1億多年生存至今嗎？在冰冷的水下到底有沒有生物存在，如果存在，又會是什麼呢？這只能留待人們以後慢慢探尋了。

屎殼郎建奇功

　　20世紀的80年代，中國的農牧專家去澳洲考察。他們在羊毛產地，先聽了飼養科技學術講座，然後又進行實地考察，在飼養場看到無邊無際的羊群時，專家十分驚訝。而後又為另一種景象所嚇呆了：撲頭蓋臉的馬蒼蠅無計其數，團團圍住參觀者嗡嗡亂碰，大家瞠目而視，實在讓人窒息。

　　牧場的主人十分尷尬，他無奈的解釋道：因為殺蟲劑對牲畜有不好的影響，所以他們不能使用殺蟲劑對付蚊蟲，但又想不到更好的辦法滅蚊蟲，這就使得蒼蠅蚊蟲成災。在考察團回國之前，牧場主人請教專家是否有最有效的方法治理這種問題。

　　這是個難題，當時的專家一時也想不到合理的辦

法，團長便答應回國後請示農業部長再作正式答覆。考
察團回去後，專家們絞盡腦汁認真研究著「蒼蠅」問
題，反覆實驗過多種藥品，都未達預期效果。

　　但一位農民專家卻提議用「屎殼郎」試試。他認為
以生態治理，能使得牲畜糞便滋生地潔淨，後來選種結
束，實驗室開始大批量繁殖培養出屎殼郎，經審批正式
出口澳洲，第一批屎殼郎運往澳洲，開始治理實驗。

　　這些屎殼郎們輾轉來到實驗牧區，在澳洲的農場裡
開始進行「搬家」工作。沒幾天，牲畜的糞便就被屎殼
郎們搬運一空，隨著糞便的減少，蒼蠅蚊蟲也就大大減
少了。

鯨魚為何集體「自殺」

　　深海裡的鯨魚突然集體上岸不再回到海裡，這樣的事情常有發生。1976年，美國佛羅里達州的海灘上，突然有250條鯨魚游入淺水中，當潮水退下時牠們被擱淺在海灘上，而鯨魚缺水很快就會死掉。

　　為了阻止鯨魚這種自殺行為，美國海岸警衛隊員們帶領數百名自願救鯨者用消防水管向鯨魚噴水，想以此延緩牠們的生命，有的人則開來起重機，試圖把鯨魚拖回大海，但因鯨魚太重，反而拖翻了起重機。這些方法都失敗了，鯨魚最終還是死在了海灘上。

　　但到底為什麼鯨魚要擱淺自殺呢？對此眾說紛紜，但大多人認為是與海豚相似，跟牠們的回聲定位系統有關。

鯨魚辨別方向靠的不是眼睛，因為一頭巨鯨的眼睛只有一個小西瓜那樣大，而且視覺極度退化，一般只能看到17公尺以內的物體。為了生存，鯨魚發展出了一種高靈敏度的回聲測距本領。牠們能發射出頻率範圍極廣的超音波，這種超音波遇到障礙物即反射回來，形成回聲。鯨魚就根據這種回聲的往返來準確地判斷自己與障礙物的距離，定位的誤差一般很小。

鯨魚為了追捕魚群而游進海灣，當鯨魚靠近海邊，向著有較大斜坡的海灘發射超音波時，回聲往往誤差很大，甚至完全接收不到回聲，鯨魚因此迷失方向，進而釀成喪身之禍。這個解釋是對鯨魚自殺現象最為貼切的一種。

但是，並不是所有的鯨魚都會受到干擾，所以，也有人認為是環境污染造成了鯨魚自殺，那些被化學物質污染了的海水，擾亂了鯨魚的感覺。

透過對自殺鯨魚的解剖，科學家們發現，絕大多數死鯨的氣腔兩面紅腫病變，因此他們認為導致鯨魚擱淺

千奇百怪的動物

的原因可能是由於其定位系統發生病變，使牠喪失了定向、定位的能力。鯨魚是群體動物，如果有一頭鯨魚衝進海灘而擱淺，那麼其餘的就會奮不顧身地跟上去，以致接二連三地擱淺，形成集體自殺的慘劇。

而美國拉斯帕爾馬斯大學獸醫系胡德拉教授，以及倫敦大學生物系西蒙德斯教授則認為，鯨魚集體自殺是由於海底爆破、軍艦發動機和聲納的噪音引起的。他分析了一系列的鯨魚集體自殺事件，證實了這一點。

如1989年10月，24頭劍吻鯨衝上加那利群島沿岸的淺灘，當時該群島附近海域正在進行軍事演習。1985年，12頭鯨魚在海上進行軍事演習時衝上海灘。1986年4頭鯨魚衝進蘭索羅特島擱淺，另兩頭鯨魚衝上附近一座島嶼的淺灘，其間這兩個島嶼海域正在進行海軍演習。此外，成群鯨魚擱淺於委內瑞拉沿岸時，剛好附近也正在進行海底爆破。

法國海洋哺乳類動物研究中心的科列德博士也同意這一點。他認為鯨魚擁有能在海洋深處定向、定標的發

達的定位系統，而軍艦聲納和回聲探測儀所發出的聲波及海底爆炸的噪音，會使鯨魚的回聲定位系統發生紊亂，這是導致鯨魚集體衝上海灘自殺的主要原因。

對鯨魚的自殺之謎，種種猜測各有各的道理，人們還在進行著更進一步的分析和判斷，在做出精確定論之前，人們只能想盡辦法將擱淺的鯨魚拖回大海，以挽救牠們的生命。

神奇的動物時鐘

　　動物的生物鐘各有不同，好像家畜和禽類喜歡在白天活動、夜晚入睡；可是貓卻喜歡在白天睡大覺，夜晚才開始活躍。同樣夜間活動的動物還有鼯鼠，貓頭鷹，牠們白天待在樹洞裡，晚上出來尋找食物。

　　這就是大自然安排的「作息時間表」。每種動物都有自己的時刻表，但在美國加利福尼亞州的一個農場裡，動物的作息時刻表，似乎改變了。那裡有100多匹毛驢工作，但一到正午12點，所有的毛驢都會自動停止工作，誰也無法強迫牠們繼續幹活。而到了下午6點，牠們又會重新工作。

　　有一種生活在海灘上的螃蟹，因為雄蟹有一隻巨大的螯，看上去就像一位正在拉小提琴的琴師，為此人們

就把牠叫做琴師蟹，牠們的動物時鐘也很奇特。白天，琴師蟹藏在暗處，這時牠們身體的顏色會變深；夜晚，牠們四處活動，身體的顏色又會變淺。更為奇特的是，琴師蟹體色最深的時間，每天會推遲50分鐘。因為大海漲潮和落潮的時間，每天也恰好推遲50分鐘。螃蟹雖然沒有鐘錶，但牠們對於時間的把握卻是比鐘錶還要準確。

除了琴師蟹和大海有著某種默契之外，在墨西哥的下加利福尼亞半島沿海，有一種來自北冰洋的灰鯨時鐘也很奇特。牠們一年來一次，在北半球漫長的冬天開始後，成百頭灰鯨以每小時6.4公里的速度南游，穿越白令海峽，橫渡太平洋，在2月初到達墨西哥，旅程長達1萬公里。牠們從不失約，到達的時間每年都差不多，最多相差四、五天。

還有美國太平洋沿岸上，每年5月在月圓之後，會有一群銀魚隨著美國這次最大的海潮上岸，完成產卵的任務後，又隨海浪回到大海裡，從不錯過。

千奇百怪的動物

　　動物們的這種時間觀念是因為牠們的體內有一種類似時鐘的結構，也是人們常說的生物鐘，正是它使動物的活動顯示出了極強的規律性。

　　科學家研究蟑螂，蟑螂最活躍的時間是每天傍晚，而牠們的活動週期是23小時53分，這和地球的自轉週期非常相近，而蟑螂的這種生物鐘是存在食道下方的，是一種神經組織，這一組織能在體內有節律地產生控制蟑螂活動的激素。如果把它摘除，那麼蟑螂就不會再每天傍晚那麼活躍了。

　　動物的生物鐘五花八門，有的和地球自轉有關，有的和海潮有關，這些生物鐘，控制著動物們的生活與活動。

動物的「心靈感應」

　　在一次對美國和英國寵物主人的隨機調查中，48%養狗的人和33%的養貓人，認為所養的寵物跟自己有心靈感應。

　　住在倫敦的西格爾說：「每次去看獸醫前，我都非常小心不讓我的貓看出任何苗頭，但早晨我起床後，牠會用懷疑的目光打量著我，一反常態地對我充滿了警戒。在出門的時間到來前，牠會想辦法溜走。」貓總能預感到主人何時會帶自己去看獸醫，這種心靈感應真是奇特。

　　對於狗來說，牠們的心靈感應往往表現在知道主人何時決定出去散步。有的狗即便不和主人在一間屋子裡，也能預見到主人何時要帶自己去散步，哪怕只是一

些主人臨時決定的散步，牠們也能感覺到。

　　澳洲的吉莉安說自己的馬爾濟斯犬很聰明：「牠總是知道我們什麼時候出去散步，哪怕牠正躺在車庫的窩裡睡覺，當我心裡剛做完決定，牠立即就會激動地跑到我的臥室門口，上下亂躥。而我從來都不清楚牠究竟是怎麼知道的。我既沒有換鞋，也沒有換衣服，也沒有任何別的表示，但牠就是知道!」

　　這些調查雖然表明了狗和貓能讀懂主人的心思，但最有權威性的還是科學測試。在一項特別的科學測試中，科學家把狗關在房屋外的倉庫裡，並用攝影機記錄牠的舉動。而隨便抽個時間，讓狗的主人在心裡默念要帶狗出去散步，這時，絕大多數接受測試的狗會很快走到門邊，站或坐在那裡，有的還會討好地搖尾巴。牠們一直帶著明顯的期待，保持同一姿勢，直到主人來帶牠們出去散步。而在別的時候牠們從來不會等待在門旁。

　　這個測試顯示，狗的確有心靈感應，這點，一些馴狗員也可以證明，一位馴狗師就說：「你得記住，狗有

敏銳的心靈感應，能夠讀懂你大腦裡的想法，所以想一套做一套，對狗來說是沒用的。我相信，當你在想某件事時，這件事會同時進入狗的大腦裡。」

除了貓和狗以外，別的寵物也和主人有心靈感應，馬也同樣具有這樣的本領，許多騎士發現馬兒能對他們的想法做出回應。雖然由於騎士和馬的身體接觸非常緊密，因此要想把精神的影響和無意識的身體信號分開有些困難，比如說肌肉緊張程度的一些細小變化。

可實驗證明，當馬在被人騎著時，細微的動作幾乎對牠們有影響。「有時候我會覺得我的馬就像我身體的一部分，有時當我心裡正在想著指令，還沒有發出一點動靜時，馬會立即跑到我所需要的位置。」一位騎士說。這些有心靈感應的動物中，最神奇的要算是鸚鵡。一位美國作家邁克・佛羅雷拉養了一隻非洲灰鸚鵡，每當他準備離開房間或者出門的時候，牠就會說：「再見！待會兒見！祝你今天快樂！」然後悲傷地吹起口哨來。

千奇百怪的動物

　　這讓邁克‧佛羅雷拉十分驚奇，他說：「當我準備離開房間時，牠居然能提前知道，而此時牠根本就看不到我，比如一次我在樓上連續工作了好幾個小時後，我停下來簡單地想了『現在該出去溜達一下了』。剛想完，樓下的鸚鵡就開始發出悲哀的叫聲，以示抗議。我完全相信牠是靠感官以外的東西來知道我的想法。」

　　艾米‧莫格拉是一名生活在紐約的藝術家，她養的4歲大的鸚鵡在2002年1月時已經掌握了7000多個單詞。而且她還注意到，她的鸚鵡能清楚的表達出她內心的意圖。例如當艾米想要吃飯的時候，鸚鵡就說：「妳想要一些美味」；當艾米想要洗澡的時候，鸚鵡就說：「妳想泡個澡」。艾米將這些事情一一記錄了下來，兩年多的時間，她一共記錄了630多條。不論是打電話，還是外出，或者看電視，鸚鵡都能準確的描述出艾米的想法，這真是太神奇了。

「虎父多犬女」

　　愛丁堡大學的生物學博士Loeske Kruuk和Kathi Foerster，還有其他研究生物學的同事們，對英國赫布底裡群島上的野生馬鹿進行了一項長期研究。他們研究的結果顯示，在爭奪雌性的戰爭中獲勝的雄性，生下的女兒生育能力較弱。相反的，相對失敗的雄性生下的女兒，生育能力就要強一些。這就說明了雄性和雌性的成功特性是不同的，父親的優勢並不能遺傳給女兒，也就是說基因無法使得優秀的父親生下同樣優秀的女兒。

　　Kruuk博士說：「自然選擇就意味著，最成功的個體傳遞他們基因要比失敗者頻繁得多，因此，在第二代的個體中，更多的人擁有那些好的基因。我們希望，隨著時間的流逝，低品質的基因會逐漸小時，導致個體之

千奇百怪的動物

間的變化變小。」

　「但是，我們依然看到一個種群中，個體之間存在巨大的差異。最優秀的男性沒有生下最優秀的女兒所產生的效應，或許是這些差異存在的最主要的原因。或許『某些基因比另一些基因好』的念頭其實過於簡單化了，它取決與那些動物個體的生殖能力。」

　這項研究發表在《自然》雜誌上，這就解釋了，為什麼儘管經歷了那麼多的自然選擇，物競天擇，地球上的生物仍然有著多樣性。

長「豬尾」的猴子

　　長尾巴猴子已經在人們的頭腦當中形成了固定的印象，可是生活在亞熱帶的豬尾猴卻遠超出了人們的想像。這種猴子尾巴很短，占體長的十分之三左右，尾巴上的毛很稀疏，只是在末端有一簇長毛。牠們喜歡棲息在森林之中，是一種樹棲、雜食、晝行性動物，在地面上活動較多，行動的時候常呈「S」形彎曲如弓，狀似掃帚或豬尾，所以得名，也叫豬尾猴。

　　這種猴子額頭較窄，吻部長而粗，略像狒狒；面部較長，呈肉色，具較長的黃褐色須毛；冠毛短而黑，頭頂上有放射狀的毛旋；前額卻輻射排列為平頂的帽狀，所以又被叫做平頂猴。

　　牠們喜歡群居。在野外的生活習性與獼猴相似，主

千奇百怪的動物

要以熱帶果實和昆蟲、小鳥和鳥卵等為食。行走、奔跑時用四肢著地，趾行性，但在樹上行走是蹠行性。

　　牠們的體型和特性，雄雌各有不同，但差別不是很大。雄獸的體長為50～77公分，體重為6～15公斤，在發情期顯得異常兇猛而強悍；雌獸的體長為40～57公分，體重4～11公斤。3～5歲時性成熟，壽命為26年。雌獸每胎產1仔，哺乳期為6～8個月。

　　豬尾猴主要分佈於中國雲南和西藏東南部一帶，以及緬甸、新加坡、孟加拉、馬來西亞、柬埔寨、寮國、印度等地，而中國的豬尾猴數量不多，估計野外最多不過1000隻。

世界上最醜的動物
──指狐猴

　　在全球最醜動物排行榜上，指狐猴是上榜頻率最高的動物之一。這種產於馬達加斯加島的狐猴科唯一的成員，儘管很醜，卻非常珍貴，而且越來越稀少。

　　原因一：長長的中指是造成指狐猴數量驟減的原因之一。指狐猴的手指特別長、特別細，鬆開時，很容易讓人聯想到童話故事裡的女巫。更糟糕的是，中指是其他手指的3倍長，看上去確實非常可怕。

　　很多人認為，如果一隻指狐猴用中指指著你，死神馬上就會找上你。馬達加斯加島的薩卡拉瓦人的想法更恐怖，他們認為，指狐猴會將藏在你家裡，然後到了晚上用牠那長長的中指刺穿「受害人」的心臟。當然，這純屬無稽之談，但這種迷信思想卻從根本上導致了指狐

猴數量的大幅減少。

　　原因二：儘管指狐猴在一年中的任何時候都可以生兒育女，但雌性經常會在生了一胎之後過3年再生。這樣，種群的數量就不能很快得到補充。而且，由於人類的無休止的砍伐，雨林棲息地遭到破壞，指狐猴的生存地也受到了嚴重的威脅，這也是數量減少的重要原因。

　　如今，人類正在想方設法保護這種奇醜無比的動物。美國杜克狐猴中心和英國的相關單位都開展了對這種動物的繁育工程，可是成果並不容樂觀。至於現在野外究竟還剩多少隻指狐猴，目前人類也無法估算，目前已被列為高度瀕危動物。

長兩個犄角的小黃狗

　　2007年，中國境內的欒城縣竇嫗鎮趙莊村老田家傳出了這樣一條奇聞：狗會長犄角。這可算是村子裡的大新聞了，不少村民都到他家裡參觀這條長了「犄角」的小狗。這隻小狗呈黃色，於2006年出生。牠身長約1公尺，高不到半公尺，尾巴像條大刷子，看起來很威風，身上的毛有點長。當然，最吸引人們注意的並不是這些，而是牠耳朵後面那兩個對稱的肉色的「犄角」。

　　這兩個「犄角」每個都有成人小指粗細，五、六公分長，上面長著稀疏的黃毛。因為兩個「犄角」的出現，這條小黃狗也平添幾分威風。有人趁著牠安靜時摸了一下牠的「犄角」，發現並不是像牛羊那樣硬的角。可是，這兩個犄角到底怎麼長出來的呢？這個問題，老

千奇百怪的動物

田一家也說不清原因。他只告訴村民，半個月之前，他發現黃狗總是伸出爪子去搔兩個耳朵後面，有一天他仔細看了看，發現那裡竟長出了兩個肉色的硬疙瘩。半個月後，那兩個硬疙瘩竟然長成了「犄角」，黃狗也恢復了正常，每天蹦蹦跳跳地看家護院。

　　對此，中國石市動物園獸醫院的院長說，這種情況很少見，這條黃狗可能生病了，也可能發生了某些突變，具體原因他們也無法給與更確切地解釋。

小狗成為「驗鈔機」

　　狗是人類的好朋友，是很棒的助手，有緝毒犬，也有排除炸藥的狗，但你知道還有小狗用嗅覺來驗鈔的嗎？中國北京市宣武區石女士的家中，就有這樣一隻小狗。

　　這隻四歲的「財迷」小狗露露，不僅會拿錢買菜，尋找藏起來的錢，而且還具有識別真鈔假鈔的「特異功能」，並且屢試不爽。石女士特意找來一張與50元紙幣大小、顏色均相同的廣告紙，把它和一張50元紙幣分別裹在報紙中，並下令讓牠去找。

　　露露在兩堆紙上聞了聞，咬下裝著錢的紙包，然後用嘴拱開，叼出紙幣等待主人的表揚。

　　石女士說，露露是朋友送的純種英國激飛獵犬，從

千奇百怪的動物

來沒有對牠做過訓練過。養了半年後，突然發現牠對紙幣很感興趣，不論將錢藏在什麼地方牠都能找出來。

有一次，石女士女兒拿一張20元的紙幣逗牠，牠毫無反應，後來到銀行一驗才知道是張假鈔！有人曾分別用自帶的十元、二十元、五十元和一百元面值紙鈔做了數次試驗，不論是混在紙裡還是藏在地毯下，露露均能「百發百中」地將其叼出，成功率達100%。

對此，動物行為專家認為，這是動物的一種條件反射，且狗的嗅覺是人的幾萬倍。露露無意中被發現「喜歡」錢，在得到主人的表揚後，就會在腦中形成固定的模式──狗會懂得「找到錢就會得到表揚」。

會「走路」的鯊魚

　　2006年，被稱作「地球上最美麗的海洋」之一的印尼東北部海域引起了美國科學家的興趣。他們派出了大量的研究人員，對那裡進行考察，結果收穫甚豐：科學家們在當地發現了52個新物種，其中包括24種新魚類，20種珊瑚和八種造型非常奇特的蝦類。特別值得指出的是，他們還從中發現了一種頗有意思的動物，「可以用鰭來走路」的鯊魚。

　　發現特殊鯊魚的這片神祕海域位於印尼巴布亞省東北部，這裡生活著1200多種魚類和600多種珊瑚，幾乎囊括了全球75%的已知珊瑚品種，一度被譽為是亞洲的「珊瑚三角區」。可是由於在此之前很少有科學家對這片神祕的海域開展調查研究工作，結果造成了很多奇特

的物種始終不為外界所知。

　　經過這一次的發現，人們將繼續研究當地的生物多樣性現象，以及如何對其進行有效保護的問題。根據這一次的勘察，人們也發現，這個海域正在遭受漁民使用高強度電網和致命毒藥反覆展開的「濫捕濫撈行動」，這種被人們發現的奇特的鯊魚或者別的尚未被人類發現的新奇物種，可能會最終難逃滅絕的厄運。

　　為此，美國專家呼籲當地政府採取有效措施制止漁民「瘋狂捕撈」的活動，並以設立海洋公園的辦法，來保護這裡的自然環境免受破壞。

雙翅色彩斑斕的飛魚

2006年6月12日晚7時許，中國鳥類攝影專家邊緣從西沙永興島返回文昌時，拍攝到一條長著蝴蝶一樣翅膀的飛魚，這件事引起了海洋魚類專家的極大興趣。

拍攝照片的專家稱，自己非常喜歡拍攝。在回來的路上，見海面出現為數不多的飛魚，就當即拍下了幾張飛魚的照片。等到整理照片的時候，他突然發現有一條飛魚竟然不是長著普通飛魚特有的銀色的翅膀，而是長著蝴蝶一樣的翅膀。對此，中國海洋魚類專家潘駿博士說：「我與海洋魚類打交道22年，還沒見到過翅膀是這種顏色的飛魚。這種飛魚不排除是南海5種常見飛魚的一種，這種飛魚通常在每年的這個季節產卵，此時雄魚的翅膀會變色，這種變色現象稱為『婚姻色』。」

亞馬遜流域的粉色海豚

　　海豚屬於哺乳動物，仍舊要靠肺呼吸，這就使得牠們不得不時常浮出水面來換氣。可是，在亞馬遜雨林生長著的一種粉色海豚，能在水裡潛足15分鐘，成年雄性竟然還能在水裡睡覺。

　　這種海豚全身都呈粉紅色，據說與生活在亞馬遜河流和每天的食物有關。牠們總是在不停的尋找食物，因為對食物的需求量特別得大；牠們喜歡群體行動，不僅可以躲避大型的動物，還可以很輕鬆的包圍小魚群，並把小魚群轟嚇到水面進而被其他的粉色海豚吃掉。到了晚上，牠們仍舊需要進食，於是不得不又把目標放在了浮游生物上。

　　這種海豚體長2.5到3公尺，重約90公斤。不同於普

通灰海豚有背部的鰭，粉色海豚背部僅有一個突出的小丘；尾巴巨大，看起來像兩片巨大的樹葉。人們至今還無法知道粉色海豚成熟交配的年齡，只能根據體型進行推算。一般來說雄性長到2公尺，雌性長到1.7公尺便預示著海豚快進入交配期了。交配季節一般在夏季，並且小海豚要在母親肚子待上大約9到12個月。

　　粉色海豚的身體光滑柔韌，游行的速度能達到每小時20英里。這麼多年來，粉色海豚除了那雙有所縮小的眼睛以便能在水裡更好的觀察之外，並沒有發生太大的基因變異，牠們一直保持著海豚原始的狀態。

視覺精確的四眼魚

　　人類世界在魚的眼中會是個什麼樣子？這一直是一項很有意思的研究。現在，科學家們在一種「四眼魚」的身上找到了獨特的視覺成像系統，牠們以此來有效地保護自己在深海環境中不被掠食者吞食。

　　這種長著四隻眼睛的深海魚叫做「褐嘴幽靈魚」(brownsnout spookfish)，第一次被發現是120年前，但直到一支海洋科學勘測隊在太平洋南部東加海溝在2000～2600英尺以下海域捕到一條褐嘴幽靈魚時，才對這種魚類有了深入瞭解，也從此開始了科學家對褐嘴幽靈魚活標本的研究。

　　褐嘴幽靈魚的體長大約10公分，長著小牙齒，所棲息的深海環境食物十分匱乏，研究人員認為牠們會吞食

任何能夠捕到的有機生物。牠們還向上長著兩隻具有普通透鏡晶體的眼睛，在這兩隻眼睛旁又長著裝配微小鏡片向下觀看的兩隻眼睛，是迄今唯一一種不使用透鏡而使用鏡面成像的脊椎動物。

研究人員認為這種微小鏡片結構是由鳥嘌呤水晶體構成，這種排列可使光線進入眼睛後被反射，進而圖像聚焦在視網膜上，使這種魚能夠看到潛伏在其水下的掠食者，進而實現對掠食者的早期預警。科學家之前曾發現一些甲殼類動物具有排列好的微小視覺鏡片結構，但幽靈魚卻是第一種進化形成幫助視力的脊椎動物。

該鏡面結構能夠反射更多可見光進入視網膜，因此在黑暗海底世界中非常有效。長著球面透鏡晶體的魚類往往存在少量視覺偏差，會影響成像的品質。英國布里斯托爾大學派特里奇教授稱，鏡面成像眼睛不僅對於深海環境，而且還對其他棲息環境具有較好的視覺效應，但透鏡晶體進化卻首次出現在脊椎動物。正是透鏡晶體進化的成熟化，使得脊椎動物很少形成鏡面視覺系統。

千奇百怪的動物

她還認為，這對向下觀看的眼睛與透鏡晶體眼睛的相
連，也就是說這對鏡面成像眼睛相當於「附加」在這種
魚的一對真眼上。這對鏡面眼睛通常用於觀察海洋掠食
性動物之間發出誘捕獵物的冷光線。

　　派特里奇教授說：「在接近5億年的脊椎動物進化
歷程中，數千種脊椎物種孕育消亡，幽靈魚卻是唯一一
種使用鏡面成像有效解決視覺問題的脊椎動物。牠是一
種非比尋常的動物，完全不同於其他脊椎動物，使用鏡
面成像可實現非常高亮對比度的圖像。」

連體小貓

在美國俄勒岡州羅斯堡市居民布魯蒂爾的家中，誕生了一隻讓所有人都為之吃驚的小貓——這隻小貓竟然有兩張臉、兩張嘴、兩個鼻子和4個眼睛。

布魯蒂爾是一個非常喜歡動物的人。從1980年以來，他家養過不同的小動物。幾年前，他們一家發現了一窩比正常貓咪更小的小貓，他們稱其為「袖珍貓」，而這隻雙臉貓正是一隻「袖珍貓」母親和一隻正常貓父親的後代。

剛開始看到這隻貓的時候，布魯蒂爾對牠充滿同情，因為他無法知道牠是否能夠活下來。如果能活下來，那麼牠一定會是一隻正常和健康的貓，儘管牠有兩張臉孔。於是，他將這隻貓送到了獸醫院進行檢查。

千奇百怪的動物

　　當地獸醫阿蘭・羅思接待了他，可是他對布魯蒂爾說，他無法預測這隻貓能活多長時間。因為當他見到這隻貓第一眼時，就認為牠活下來的機會不會超過10%。羅思又找來了另外3名獸醫，他們共同對這隻貓進行了診斷。可是，憑借他們一共有50年的獸醫經驗，還是沒有辦法對這件奇怪的事情做出合理的解釋和恰當的判斷。

準確預知死亡的神奇小貓

　　貓雖然是一種很有靈性的動物，但誰也想不到一隻名叫奧斯卡的小貓竟然能夠嗅出死亡的氣味。美國普羅維登斯市布朗大學醫學助教和老人學專家大衛‧多薩博士日前在《新英格蘭醫學雜誌》上首次披露了這隻「奇貓」的本領。

　　這隻兩歲的小貓，從小就在生活在美國羅德島州普羅維登斯市的斯蒂爾屋看護和康復中心療養院三樓病房區長大，這家療養院專門治療患有阿茲海默症、帕金森症和其他老年疾病的患者，如同醫生和護士一樣，奧斯卡經常到各個病房中閒晃。

　　在牠6個月大時，醫生和護士驚奇地發現，如果奧斯卡在哪個病人的病房中進行逗留，並開始蜷伏在病人

的床邊或身旁，那麼這個病人多半會在幾小時內死亡。奧斯卡似乎有一種神奇的「預知死亡」能力，能夠預感到了他們的死亡。

兩年來，每當奧斯卡「選中」某個病人並蜷伏在他的身邊時，療養院的醫生和護士就會立刻打電話給病人的家屬，讓他們來和親人進行最後的告別，因為不管奧斯卡「選中」哪個病人，這都意味著他們通常都會在4小時內死亡。奧斯卡已經成功提前「預感」了25名病人的死亡事件。

當奧斯卡第13次成功提前「預測」病人的死亡後，療養院醫療專家兼布朗大學教授瓊·蒂諾博士開始相信奧斯卡確實擁有這個神奇的本領，而且並非出於純粹的巧合。一次，蒂諾博士看到一名女病人不再進食，呼吸困難，同時雙腿也變藍──這經常都是死亡將至的症狀。但奧斯卡並沒有待在這個女病人的病房中，所以蒂諾覺得奧斯卡「預知」死亡的能力可能並不精確。可是結果蒂諾博士發現，是她對病人的死亡預測時間提早了10小

時，預測有誤的是她自己。在這名女病人離世前兩個小時，奧斯卡走進了她的病房，陪伴在她身邊直到她離開。

大衛・多薩博士說，牠似乎知道病人將在什麼時候離開人世。許多病人的家庭成員都對此感到安慰，他們感謝牠能夠在最後時刻陪伴他們垂死的親人。

不過蒂諾博士相信，奧斯卡可能是因為聞到了某種警告性的氣味，或是由從小將牠養大的護士們的行動上讀出了某種信號，而並不是一隻「通靈貓」。而至今也尚無科學家確定奧斯卡「預知死亡」的能力是否真的具有科學上的依據。

動物世界裡那些「隱私」的事

· 熊貓

吸引異性，大熊貓有絕招。雌熊貓喜歡在樹幹接近地面的部位留下尿液召喚對方，而雄熊貓會以撒尿方式留記號。牠們喜歡玩倒立，以屁股朝天的高難度倒立撒尿在樹幹上留下記號，誰尿得越高，就證明誰越強大。

· 蜜蜂

雄蜜蜂為了防止雌蜂再和其他雄蜂交配，會在跟雌蜂交配後，會將生殖器遺留在雌蜂的體內，這有點像是昆蟲界的「貞操帶」。鮮為人知的是，某些種類的鯊魚、蛇、蜥蜴或一些甲殼類動物，雄性還有兩個生殖器官。

· 螢火蟲

昆蟲界中最殘忍的「唯利是圖」者是雌螢火蟲，牠

常引誘雄螢火蟲，然後將對方吃掉。因為雄性體內能自然產生一種對付天敵蜘蛛的生化血清，而雌性無法產生。

·藍鯨

剛出生的小藍鯨差不多平均每小時體重就增加至少4.5公斤，一天下來體重能增加110多公斤。為了不讓小藍鯨餓著，藍鯨媽媽一天需要哺乳50次，必須分泌94加侖以上的乳汁才能滿足小藍鯨的胃口。

·蜘蛛

當雄性漏斗網蜘蛛和異性交配時，身體會分泌出一種令雌蜘蛛昏迷的氣體，使雌蜘蛛進入虛弱和輕微昏厥狀態。雄性蜘蛛之所以會有這種特殊的「化學武器」，是因為牠們通常會在交配後吃掉異性。科學家發現，有一種紅蜘蛛完全由雌性組成，牠們可以單性繁殖，並且只生「女孩」，是名副其實的「女權世界」。

·羊

羊的記憶力非常好。科學家的實驗發現，有些綿羊可以識別出50張「綿羊夥伴」的面孔以及10多張人類的

面孔，而且這種記憶能夠保持2年之久。

·達爾文蛙

多見於南美洲的達爾文蛙，雌蛙產卵後，雄蛙會一直小心地守護這些卵，然後再用舌頭把卵全部吞進自己的嘴中，這些蛙卵會在父親的發聲囊中成長，等到變成真正的蛙後，就會從父親的嘴巴裡跳出來。

·章魚

在所有動物中，雌雄之間差異最大的要數海洋中的紫毯章魚，一位科學家曾將牠們的交配過程比喻成麻雀和戰鬥機「做愛」。因為雌紫毯章魚的體重是雄章魚的4萬倍，在體型上，雄性只有雌性的一顆眼珠子那麼大。

·螞蟻

動物界的舉重冠軍竟然是螞蟻。牠可以舉起比自身重50倍的東西。另外，螞蟻不敢跨越粉筆線，因此如果你想阻止牠們前進，只需在地上劃道粉筆線就可以了。

·猩猩

猩猩也會像人類一樣談論美食。英國愛丁堡動物園

的一項研究發現，猩猩在談論食物時會發出各種不同的咕噥聲，低沉的咕噥聲表示牠們在談論不愛吃的東西，而尖銳的咕噥聲通常表示牠們正談論著愛吃的東西。

·鴿子

鴿子必須看到同類才能下蛋。單獨的一隻雌鴿子不會下蛋，牠必須看到其他鴿子，卵巢功能才會正常運作，如果實在沒有其他鴿子可看，牠可以看能夠反射自己影像的東西，也能產生同樣的效果。

·鯊魚

鯊魚對包括癌症在內的所有疾病都具有免疫能力，是動物世界中已知的唯一一種不會生病的動物。另外如果牠掉了一顆牙齒，也只需短短一天就能重新長出一顆新牙來。

·袋鼠

懷孕的袋鼠能讓自己的胚胎處於「假死狀態」。如果生存環境差，或是天氣惡劣、食物不足，母袋鼠的乳腺會分泌出一種物質，抑制胚胎生長，直到環境變好。

不會迷路的乳牛

　　如果你在野外迷失了方向，又剛好沒有帶指南針，那怎麼辦？如果有乳牛在的話就用不著驚慌了，只要看一看乳牛的頭朝向哪一邊，你就可以知道哪邊是北邊了。

　　科學家在對數千頭牛的行為做了監視之後，發現牠們不僅有第六感，知道地球的南北方位，而且還總是面朝北站立。牛群的這種驚人能力其實是從遠古祖先那裡遺傳下來的，這些馴養牛群的狂野祖先正是利用其自身的內置指南針，才找到了自己穿越歐亞非大陸的遷徙之路。

　　德國杜伊斯堡～埃森大學的動物學家薩賓‧貝蓋爾的小組，派人在地面對這些動物進行了現場觀察。他們

發現，陰冷天裡的強風或強日照更有力地證實了這一點：大多數動物都以地球磁場的北南方向排列。比如，他們在捷克斯洛伐克對幾千頭鹿做了地面直接觀察並拍攝了相關照片後，發現牛群和鹿群不是按照地理位置的北南方向，而是地球磁場的北南方向排列的。而地球磁場的北南方向與地球的北南極又不是完全重合的。

其實，不只是牛和鹿，自然界中的幾十種動物都能利用地球磁場來進行導航，其中包括鳥類、海龜、白蟻和鮭魚等。之前的研究還顯示像老鼠和蝙蝠這樣的小型哺乳動物，也有自己的磁場指南針。貝蓋爾小組正是在此啟發下，開始了對大型哺乳動物是否也具有類似的磁場指南針的研究。剛開始他們想從研究人類的睡眠方向入手，後來局限太多，就對非洲鼴鼠展開了相關研究，繼而又研究了乳牛和鹿群。

科學家認為，大型動物磁場方向感的發現，可能會引起對其他農業問題的關注，比如圈養乳牛的東西方向排列與牠們的產奶量是否有關係。

「四條腿」的小鴨子

　　家禽一般都是兩條腿，這是眾人皆知的事情，但在英國首都倫敦北部的一家養鴨場，卻孵化出了一隻「長著四條腿」的雄性小鴨子。這隻奇特的鴨寶寶在兩條正常的鴨腿後還長有另外兩條幾乎一模一樣的小腿！

　　這隻「四腿鴨」應該屬於罕見的基因突變的「傑作」，之前在2002年的澳洲也曾有過類似的現象，但這隻四腿鴨在孵化出不幾天後便夭折了。一般來說，「四腿鴨」很難在自然界中存活。但倫敦這隻「四腿鴨」，卻看不到任何夭折的跡象，牠不但能四處飛奔，還擅長用那兩條「額外」的後腿充當穩定裝置，看起來十分奇特。牠的主人認為他的鴨子還是可以繼續成長的。

十大典型專一動物夫婦

　　人類社會中，一夫一妻制很普遍，而在廣大的動物王國中這個現象卻比較少的。

　　在大約5000種哺乳動物中，只有3%～5%的動物會一夫一妻地共度一生。這些動物包括海狸、水獺、狼、一些蝙蝠和狐狸，以及幾種有蹄動物。但即便是這些動物，牠們有時也會越軌。比如狐狸，如果牠們的老伴死亡或不再有性能力時，牠們會偶爾花點時間找新伴侶。

　　科學家還在研究中發現，動物有三種類型的一夫一妻制：性生活一夫一妻制，即一次只與一個配偶發生性關係；社交一夫一妻制，即動物組成夫妻並撫育後代的同時，還會有一時的放縱自己，相當於找第三者；遺傳基因一夫一妻制，即在基因測試時，一位媽媽的孩子們

都是同一位父親的。以下便是十大經典的一夫一妻制動物王國：

·感情專一的狼

狼實行的是連載式的一夫一妻制，也就是說牠們的一生可能有多個配偶，但每次只有一個配偶。母狼會專一對待自己的配偶，與之交配；但如果牠的配偶死了、受傷或病得太厲害，不能生孩子了，母狼才會開除牠的丈夫資格，去找尋新的伴侶。

·不亂倫的柯氏犬羚

不像大多數性生活一夫一妻制的哺乳動物，這種雄性非洲矮羚羊只會與沒有共用過養育責任的雌性交配。這就意味著，牠們不會和自己的姐妹們交配，以免背上亂倫的壞名聲。

·只愛你一個的企鵝

企鵝的「夫妻」生活可說是標準完美、無可挑剔的「一夫一妻制」。這些不能飛的南極鳥極其恩愛。當一

方死去後，另一方會痛不欲生，有的甚至還會殉情自殺。因此，在牠們中間絕沒有妻子紅杏出牆或丈夫拈花惹草的風流韻事發生。但是，牠們只在一個交配季節共同待在一起，過了交配季節，牠們一般會轉換伴侶。

・嚴禁婚外情的黑兀鷹

對黑兀鷹來說，強制的一夫一妻制是家庭事件：如果發現自己的另一半與其他鳥在談情說愛，那麼，不僅不會和牠交配，而且這一區域的其牠黑兀鷹都會唾棄牠。

・忠心不二的白頭海鵰

白頭海鵰是典型的一夫一妻制，且始終保持對彼此的忠誠，直到一方死去。同類物種羽毛上的DNA顯示，在食肉鳥中，一夫一妻制很規範。

・為愛獻身的橙黃金蛛

許多種類的蜘蛛在交配時或交配後，雄性都會被雌性吃掉。而雄性橙黃金蛛則不只犧牲自己，交配時牠還會讓牠的交配附屬肢體之一留在雌蜘蛛體內，就像中世紀婦女使用的貞操帶一樣，以防止她與別的雄性交配。

·完全融合的琵琶魚

這種深海魚執行非常奇特的一夫一妻制。在交配時，雄性琵琶魚咬住雌性配偶的一塊肉以附著在雌性配偶的身體上，這樣一來牠的嘴巴就會與雌性配偶的皮膚合在一起，牠們的血液彼此融合。一旦接合，雄性就會退化，直到牠成為雌性的精子來源，並且雌性通常有多個雄性同時附著在身體上。

·窄頭雙髻鯊只一個父親

科學家曾認為這種小型錘頭樣子似的鯊魚中，雌性會與多個雄性交配，貯存牠們的精子以備後用，於是由此假設一窩小鯊魚可能有幾個不同的父親。但研究結果與假設並不吻合，原來大多數小鯊魚都是一個父親的。可見，雌鯊魚要不是只與一個雄性交配，就是與多個雄性交配，只不過一個雄性的精子勝過了其他對手。

·夫管嚴的赤背蛛蝀

雄性赤背蛛蝀如果懷疑配偶有失貞潔，甚至就算只是與別的雄性有接觸，也會大發雷霆，對雌性進行身體

和性的摧殘。但喜歡流連風月的雌性對此也已經習慣了，研究顯示雌性赤背蝲蛸會熟練地逃避好鬥的伴侶。

‧拼命忠實的田鼠

這種像老鼠似的大草原田鼠的雄性對配偶的忠誠接近於狂熱。雄性大草原田鼠堅持只與處女交配，對其他雌性視若無物，甚至還會攻擊那些水性揚花的雌性。科學家為解釋這種行為，跟蹤牠們大腦中的荷爾蒙變化，結果發現是荷爾蒙觸發了這種持久的結合，並加大了對潛在的家庭插足者的攻擊性。

尋找大象自造的墓地

　　相傳，在大象的世界裡有一處地方叫做象塚，那是所有大象生命的歸宿，自古以來就有一種傳說：大象在臨死前是可以預感到生命終結的。在死神降臨之前，大象便會前往神祕的象塚，然後在那裡靜靜的等待死亡的降臨。

　　這是一個神祕而且刺激的傳說，象牙和象骨都是昂貴的財富，貪婪的人類為了獲得價格昂貴的象牙，不惜遠赴非洲，深入密林探險，四處尋找大象，也渴望找到傳說中的象塚。

　　半個多世紀前，一支探險隊在非洲密林時發現一個洞窟，裡面有成堆的象牙和象骨。後來探險隊回歸人類社會，他們將這個新聞公佈了出來，頓時轟動了世界，

這更加堅定了有象塚存在的信念。但這個傳說中的象塚
是很難被人們找到的，曾經有一個迷路的部落酋長，無
意中闖入一個山洞，在裡面發現了無數的象骨和象牙，
但之後人們按照酋長的路線去尋找，卻是一無所獲。

　　這讓人們百思不得其解，大象一般是自然老死，但
人們找不到牠們的屍體，也極少發現大象的屍骸。象塚
的傳說變得越來越神祕，但人們卻無法解釋大象為什麼
要死在一個固定的地方，他們也無法解釋大象是如何找
到那個地方的，這是科學家們長久以來解不開的一個謎
題。

大象也愛玩手機

　　手機是人類智慧的產物，但令人想不到的是，有朝一日，手機居然用在了大象身上，在肯亞地區，那裡的大象就佩戴上了手機，而且還會自動發簡訊給動物保護工作人員。

　　其實，這樣做只是為了保護農田裡的莊稼。多年以來，當地莊家成熟的季節，大象常常會跑去進行破壞，大象對莊稼的破壞使得當地居民受到很大的經濟損失，為此他們和大象積怨很深，大象糟蹋農民的莊稼，使得肯亞野生動物保護組織極不情願地射殺了5頭大象，這樣下去，大象很快就會在這個地區絕種，而且大象有模仿的習慣，所以，追蹤並阻止有偷襲莊稼惡習的大象能夠改變整個象群的習慣。

為了化解衝突，當地政府只能向高科技尋求說明。為了緩解衝突，肯亞政府和通訊商合作，為大象安裝上了GPS設備，然後將行動電話SIM卡嵌入項圈裡，套在了大象脖子上，這樣利用全球定位系統就可以鎖定大象的位置，當大象要越過警戒線進入農田的時候，工作人員理查·萊索瓦皮爾就會收到一條這樣的簡訊：大象正在往附近的農場走去。

這是透過大象脖子上SIM卡自動發送出來的。收到簡訊後，工作人員就會前往，將大象趕回去。給大象用手機，除了防止牠們破壞莊稼，也是為了保護這個頻臨滅絕的物種。

為大象脖子上佩戴移動手機SIM卡的項圈後，當地居民的生活再也不會被無故干擾了，每次大象想要入侵莊稼地的時候，工作人員就會及時趕到，並阻止牠們。

這個項目的創始人道格拉斯·漢密爾頓稱，該項措施在吉馬尼大象身上試驗是成功的，但它仍處在初級試驗階段，應存在一些問題有待進一步解決。

　　首先，項圈的電池需要更換，而且，這個舉措耗費的人力財力也很大，所以，有利就有弊，當地政府還在尋求一種更便捷的方式來阻止大象與當地居民的衝突發生。

活了幾千歲的蟾蜍

　　生物總是有壽命限制的，一般來說，動物的生命週期不超過百年，但也有些例外。1993年2月，中國四川省三峽庫區出土了一座距今1800年的東漢古墓。古墓中有一個密封良好的陶罐，當人們打開的時候，居然發現了一隻鮮活的蟾蜍。

　　罐子裡沒有食物和糞便，根據時間推測，這隻蟾蜍在罐子裡已經生存了1000多年。這樣的事情在1946年的美洲墨西哥也發生過，當時，一位石油地質學家在那裡的石油礦床裡，發現了一隻冬眠的青蛙。在2公尺深的礦層裡，這隻青蛙皮膚柔軟，還有光澤，是一隻活生生的青蛙，但是卻在被取出的兩天後死去。

　　更令人驚訝的是，這隻青蛙是在礦床形成前就進去

的，而地質學家對這個礦床進行了科學測定，證實這個礦床是在200多萬年前形成的。也就是說，這隻青蛙在礦層裡已生存了200多萬年。

1782年，法國巴黎也有類似的事情發生，一位採石工人於地下4.5公尺深處的石灰岩層裡，開採出了一塊巨石。巨石劈開後，竟然發現裡面藏著4隻活蟾蜍，這些蟾蜍居然還可以自由活動，而經過鑒定，這塊石頭是100多萬年前形成的。這意味著，這4隻蟾蜍在岩石內已生存了100多萬年。

這些青蛙和蟾蜍是如何做到在密封的環境下生存的呢？科學家對此進行了探索，他們發現，氣溫上升10℃，青蛙和蟾蜍的新陳代謝作用會加快2～3倍；而氣溫下降10℃，代謝作用則減慢到1/3。所以，在密封的環境裡，青蛙和蟾蜍可以不受外界的影響，處於能量不消耗的恒溫狀態。就好像食物被放入冷藏室裡保鮮一樣，在地下的青蛙和蟾蜍也是透過自身的調節，令自己處於不吃東西也不死亡的狀態。

　　但對於這個說法，科學家依然有許多不滿意的地方，有些科學家認為青蛙和蟾蜍之所以能存活那麼長時間，和體內的甘油存在有關，這種甘油能幫助牠們保持生命。到今天為止，這一自然謎題依然無法徹底揭開，還有待科學家們進一步研究。

恐龍時代的紫色青蛙

　　印度喀拉拉邦高止山脈的西部，是研究生物多樣性的熱點地區，一些科學家總喜歡在山上搜集物種。

　　一種長得很奇怪的蛙類動物就是在此處被科學家們發現的，牠們呈亮紫色，嘴巴與豬嘴類似，看起來有些像獸類。根據發現這種物種的科學家們分析，這種蛙類動物應當是屬於生活在遠古恐龍時期的一種特殊蛙類的分支種類。

　　目前，人們發現世界上有4800種蛙類，隸屬29個蛙科。但這種蛙不在其中，所以，科學家為牠命名為「Nasikabatrachus sahyadrensis」，牠最近的親緣關係是生活在印度洋塞席耳的「sooglossids」蛙。這兩種蛙類都是白堊紀時期一種特殊蛙類的分支。

　　這種蛙類相當於「活化石」，研究價值很高，在科學家對牠進行DNA的分析中得出了，這種蛙類不僅是早先未曾發現的蛙類，而且還隸屬於一個未知蛙科。透過對這種蛙類的研究，人們發現一種生活在白堊紀恐龍時代的蛙科可能有許多分支種類，目前僅發現了塞席耳的四個種類，以及新近在印度發現的一個種類。

擁有專屬唱片的明星豬

在南威爾士潘科德市43歲主人邁克家中的豬圈裡，生活著一頭明星豬。這頭豬不但不用擔心被宰殺的命運，還備受主人的寵愛，甚至牠的聲音還被主人錄製成了唱片。這是怎麼回事呢？

原來，這頭豬叫「摩斯」、只有十八個月大的小豬，竟然會跟主人說「哈羅」。幾個月前，牠的主人邁克正在豬圈工作，突然聽到一聲「哈羅」，邁克抬頭一看，四下沒人。他以為聽錯了，就繼續工作了。可是「摩斯」又說了一句，他開始懷疑，是不是這隻小豬說的。經過一番驗證，他意識到自己養了一隻會說話的小豬，心裡非常的高興。

「摩斯」是法國野豬和英國塔姆沃斯豬的雜交產

品，邁克本是打算養大後宰殺的。可是因為牠會說話，
所以邁克不但沒殺牠，反而將牠的叫聲錄了下來，並請
朋友製成了一張名叫《豬圈韻律》的唱片。這張唱片在
當地電臺播出後，「摩斯」立即成了當地的「明星」。

　　英國豬研究專家說，「摩斯」之所以會「講話」，
可能因為牠的喉部結構特殊。

迷路企鵝跨越千里的漫遊

　　企鵝適合在溫度低的環境裡生存，但一隻麥哲倫企鵝卻是突然出現在了秘魯，這隻生長在智利南部地區麥哲倫海峽的企鵝，一直游到秘魯帕拉卡斯國家自然保護區，讓人們大為驚訝。兩地相距數千公里，這隻企鵝被發現的時候，只是受了點輕傷，秘魯的科學家認為這隻企鵝是一個「脫隊者」，牠走錯了路，所以才游到了赤道以南14度的地方來。據生物學家說，秘魯的企鵝很可能會排擠這隻麥哲倫企鵝。一個區域內的企鵝很容易分辨出自己的同類，所以，這隻外來的企鵝會被其他的企鵝排擠出去。還有便是天氣的原因，麥哲倫企鵝通常喜歡在攝氏8度的環境下生活，而秘魯的平均氣溫一般是攝氏14度，並不適合牠生存。

蒼蠅從來不生病

　　蒼蠅是大多數人厭惡的一種生物，牠看起來很不美觀，最重要的是還會傳播各種病菌，這是讓人們頭疼的一點，但奇怪的是，這種病菌傳播者卻「清潔一生」，從來不會因為病菌感染而死去。

　　這主要歸功於蒼蠅體內的一種抗菌肽，這種抗菌蛋白能令蒼蠅抵禦病菌的侵害，最初研究出這種蛋白的人是一名上世紀60年代的日本的科學家，名取俊二教授。他從蒼蠅的消化道中分離到一種小分子蛋白質，將它滴在傷寒、霍亂、痢疾、腦炎、腸炎等病菌的培養基上，再來他驚奇的發現，本來生長很好的病菌大部分都溶化死去了。

　　由此，他得出了蒼蠅雖然長期混跡於病菌之中，卻從不得病的原因。後來其他的科學家，在其他昆蟲的體

千奇百怪的動物

　　內也找到了類似的抗菌蛋白。這之後科學上才正式將這種蛋白命名為了抗菌肽。

　　抗菌肽是昆蟲血淋巴產生的，這種抗菌蛋白很容易溶解在水裡，對病菌有著致命的殺傷力，針對這一點，它被人類專門用作對付原核細菌和病變的真核細胞，十分安全。中國科學家也用純化的柞蠶抗菌肽攻擊宮頸癌細胞和陰道滴蟲，殺傷力明顯。抗菌肽還能有效殺死人體寄生蟲，對蒼蠅體內的原蟲也有毒殺作用，為非洲大陸萊姆病的治療帶來希望。

　　作為一種殺菌物質，抗菌肽還成為了對付感染的武器，因為幾乎所有的病原菌對抗生素產生了不同程度的耐藥性，所以，在結核桿菌的攻擊下，結核患者又多了起來，而原先開發的青黴素和鏈黴素已經沒有了效果，而抗菌肽還可以發揮出更大的威力。

蚊子嗡嗡叫是*交配的信號*

　　當人們晚上安然入睡的時候，但令人苦惱的，是一隻蚊子嗡嗡的叫聲，牠足以讓人們從美夢中驚醒，就算是將頭埋進厚厚的被窩裡，或者用手去揮趕，蚊子也依舊自顧自地發出這種煩人的聲音。

　　蚊子嗡嗡叫的聲音，相信每個人都聽過，並為此苦惱過，但對於蚊子為何會發出這樣的聲音，卻沒有幾個人真正的知道。其實，蚊子在互相求愛的時候，就會在空氣中發出嗡嗡的聲音，牠們的翅膀會隨著頻率調整，最後達成一致——1200赫茲。

　　這是牠們獨有的情歌方式，這個發現讓科學家驚訝不已，因為他們之前得出的結論是雌蚊子是聾的，但這個新發現讓他們的結論被推翻。所以，科學家又得出觀

點，既然蚊子是透過聲音來進行求偶活動，那麼對聲音
加以人為的干擾，就可以控制蚊子的繁殖和數量了。這
樣一來，對於疾病的控制也就可以加強。

在通常的情況下，雌性蚊子的翅膀震動頻率為400
赫茲，而雄性蚊的翅膀震動頻率相對較高，可達到600
赫茲。而在求愛的過程中，為了達到「和諧」的頻率，
蚊子居然可以將翅膀的震動頻率調整為1200赫茲。這資
料已經超過了之前科學家們所認為的昆蟲聽力上限頻
率。

至於如何對蚊子進行聲音干擾，科學家還在研究
中。他們將蚊子用昆蟲針固定，並利用特殊的麥克風錄
下牠們扇動翅膀的聲音。除此之外，還嘗試將聲音電極
輸入蚊子的聽覺器官中，經過多次的試驗後，相關的研
究人員在調查報告中總結道：「一旦交配成功，雌性蚊
子對於雄性蚊子的飛行聲音會明顯失去興趣，同時也不
太會再次配合對方調整自己的扇翅頻率了。」

動物界的同性戀癖好

　　黑猩猩在尋找性快樂上面非常開放，牠們在解決爭端時採用的常常是「做愛而非戰爭」的方式，所以幾乎所有喜好和平生活的黑猩猩都具有雙重「性」格。

　　牠們會頻繁的和其他動物交配，而且跟人類十分類似的是，交配中還會由於快感到來不斷的發出尖叫。同性交配也常常使牠們樂此不疲，大約2/3的同性戀行為都是在雌性黑猩猩間發生的。

　　由於雌性野牛和公牛一年只有一次交配，異性野牛之間的交配行為相應較少，所以雄性野牛之間更容易發生同性戀。超過55%的年輕公牛的性生活都是在同性之間展開的。

　　在野牛發情期，公牛一天會有幾次和同性發生性關

係。

　　此外，具有同性戀癖好的還有日本獼猴、瓶鼻海豚、長頸鹿、非洲羚羊等動物，這些動物常常因為生存環境等原因，在同性間的性行為世界找到了自己的樂趣。

用尾巴呼吸的彈塗魚

　　魚生活在水裡，用腮呼吸，這是人們都知道的一般常識。

　　然而，在印度卻生長著一種讓人捉摸不透的魚，牠們長期生活在淤泥裡，雖然離不開水，但卻可以上陸地活動，甚至能爬樹，捕食昆蟲，這種魚叫做彈塗魚。

　　彈塗魚之所以能如此自由的生活，是因為牠們獨特的生理結構，彈塗魚是靠尾巴呼吸的，在彈塗魚的尾部皮膚上佈滿了血管分支。在牠上岸捉蟲時，總是將尾巴連同尾鰭伸進水裡，在騰空捕食飛蟲、身體著地後，尾巴仍然會留在水中。

　　看起來，彈塗魚是用尾巴從水裡攝取氧氣，維持牠在陸地上的活動，但科學家透過測試很快又推翻了這種推論，因為彈塗魚將尾巴伸進水裡並非吸氧而是取水。

千奇百怪的動物

　　這樣做的目的是為了保持身體的潮濕狀態，滿足用體表分泌大量黏液，這樣才能從空氣中獲得充足的氧氣，透過尾巴來滿足氧氣的需求，彈塗魚真算是自然界的一絕。

i-smart

智學堂
智慧是學習的殿堂

★ 親愛的讀者您好，感謝您購買 別嚇到，千奇百怪的 這本書！
動植物大集合！

為了提供您更好的服務品質，請務必填寫回函資料後寄回，
我們將贈送您一本好書（隨機選贈）及生日當月購書優惠，
您的意見與建議是我們不斷進步的目標，智學堂文化再一次
感謝您的支持！
想知道更多更即時的訊息，請搜尋"永續圖書粉絲團"

您也可以使用以下傳真電話或是掃描圖檔寄回本公司電子信箱，謝謝！

傳真電話： 電子信箱：
（02）8647-3660 yungjiuh@ms45.hinet.net

姓名：＿＿＿＿＿＿ ○先生 生日：＿＿＿＿＿＿ 電話：＿＿＿＿＿＿
○小姐

地址：＿＿＿＿＿＿＿＿＿＿＿＿＿＿＿＿＿＿＿＿＿＿＿＿＿＿＿＿

E-mail：＿＿＿＿＿＿＿＿＿＿＿＿＿＿＿＿＿＿＿＿＿＿＿＿＿＿

購買地點（店名）：＿＿＿＿＿＿＿＿＿＿ 購買金額：＿＿＿＿＿

職　　業：○學生　○大眾傳播　○自由業　○資訊業　○金融業　○服務業　○教職
　　　　　○軍警　○製造業　○公職　○其他＿＿＿＿＿＿＿＿＿＿

教育程度：○高中以下（含高中）　○大學、專科　○研究所以上

您對本書的意見：☆內容　　　　○符合期待　○普通　○尚改進　○不符合期待
　　　　　　　　☆排版　　　　○符合期待　○普通　○尚改進　○不符合期待
　　　　　　　　☆文字閱讀　　○符合期待　○普通　○尚改進　○不符合期待
　　　　　　　　☆封面設計　　○符合期待　○普通　○尚改進　○不符合期待
　　　　　　　　☆印刷品質　　○符合期待　○普通　○尚改進　○不符合期待

您的寶貴建議：